普通高等学校"十四五"规划数字装配式建筑系列教材

U0179984

# BIMBase 应用技术基础

主编◎ 郭保生　杨振轩（学校）　　主审◎ 袁富贵　刘淑娟（学校）
　　　牛沙沙　陈雅旋（企业）　　　　　赵艳辉　宋方旭（企业）

联合编制　中国建筑科学研究院有限公司
　　　　　北京构力科技有限公司
　　　　　广东白云学院

华中科技大学出版社
中国·武汉

图书在版编目(CIP)数据

BIMBase 应用技术基础/郭保生等主编. —武汉:华中科技大学出版社,2023.9
ISBN 978-7-5680-9736-9

Ⅰ. ①B… Ⅱ. ①郭… Ⅲ. ①建筑设计-计算机辅助设计-应用软件-教材 Ⅳ. ①TU201.4

中国国家版本馆 CIP 数据核字(2023)第 173976 号

**BIMBase 应用技术基础**　　　　　　　　　郭保生　杨振轩　牛沙沙　陈雅旋　主编
BIMBase Yingyong Jishu Jichu

策划编辑:胡天金
责任编辑:郭雨晨
封面设计:旗语书装
责任校对:王亚钦
责任监印:朱　玢
出版发行:华中科技大学出版社(中国·武汉)　　电话:(027)81321913
　　　　　武汉市东湖新技术开发区华工科技园　　邮编:430223
录　　排:华中科技大学惠友文印中心
印　　刷:武汉市洪林印务有限公司
开　　本:787mm×1092mm　1/16
印　　张:10.75
字　　数:255 千字
版　　次:2023 年 9 月第 1 版第 1 次印刷
定　　价:49.80 元(含培训手册)

# 前　言

人类社会正处于高速信息化的阶段。随着社会的发展,建筑业进入信息化的时代,而BIM技术的发展与应用正是建筑业进入信息化时代的标志之一。

住房和城乡建设部在《"十四五"建筑业发展规划》中指出,加快推进建筑信息模型(BIM)技术在工程全寿命期的集成应用,健全数据交互和安全标准,强化设计、生产、施工各环节数字化协同,推动工程建设全过程数字化成果交付和应用。

BIM是建筑信息模型(Building Information Modeling)的英文简称,具有可视化、协调性、模拟性、优化性、可出图性五大特点,这使得以BIM应用为载体的项目管理信息化可以实现三维渲染、宣传展示,快速算量、精度提升,精确计划、减少浪费,多算对比、有效管控,虚拟施工、有效协同,冲突调用、决策支持,从而提升项目生产效率、提高建筑质量、缩短工期、降低建造成本。

基于这样的特点和优势,BIM技术对建筑业的主要参与方产生了积极的影响,使工程项目信息得到更好的创建、共享,为项目提供互相协调、一致及可运算的信息,使工程参与者联系更加紧密,提高了决策的效率和正确性。

北京构力科技有限公司积极承担建筑业关键技术BIM平台的自主研发,打造自主知识产权的BIMBase平台,使其成为建筑业国产BIM二次开发平台,从而建立我国自主BIM的软件生态;基于自主BIMBase平台推出PKPM-BIM全专业协同设计系统、装配式建筑全流程集成应用系统、BIM报建审批系统、智慧城区管理系统等BIM全产业链整体解决方案,助力我国建筑业数字化转型与升级。

由北京构力科技有限公司和广东白云学院推出的PKPM-BIM建筑信息模型职业技能培训,以BIM技术与理论为核心,融合管理学领域及新兴信息技术等知识,通过宏观层面的解读和微观层面的剖析,对照国内成熟案例并参考国外先进经验,提供系统性、框架性的方法论与解决路径。

本书可供建筑业从业人员、建筑企业设计人员学习使用。本书不仅介绍了软件的功能,还通过实际的案例向读者介绍软件的具体应用。在本书出版之际,对所有支持过我们工作的家人、朋友、用户表示衷心的感谢!

本书主编为郭保生、杨振轩、牛沙沙、陈雅旋;主审为袁富贵、刘淑娟、赵艳辉、宋方旭;编写人员为丁斌、汪星、唐小方、陈晓旭、许善文、臧进、梁鑫、宝鼎晶、袁谱、覃民武、黄珏等。

广东白云学院的学生赖颖霖、黄健强、陈文立、钟家轩、顾高炀、邓杰锋、黄凯川、黄文考、肖亮伟、杨英健、昊明钊、陈建宏、黄学童、李彦均、曾力图、方炯旭、董家俊、何冠杰、刘柳江、陈红、李文锁、陈科亮、胡智超、孔可、麦润康、郑欣欣、黄荣浩、吴志勇、阮诚信、郑宇腾负责本书的图片收集、编辑及绘制工作。

编　者

2023年2月9日

# 目　　录

# 1 轴 网

## 1.1 轴 网 系 统

**1. 轴网**

单击【轴网】,弹出绘制轴网面板,如图 1-1 所示。该面板可以创建单根轴线、创建轴网系统、对轴线属性进行设置等。

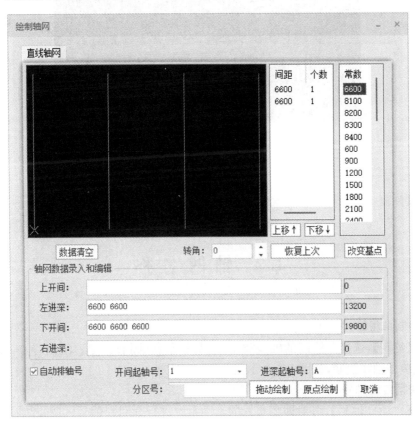

**图 1-1　绘制轴网面板**

**2. 轴网系统设置**

单击【拖动绘制】,再单击【放置位置】,完成轴网的创建。若单击【原点绘制】,则在原点处自动完成轴网的创建。

**3. 轴网间距**

单击【间距】选择轴网的上开间、左进深、下开间、右进深,单击【常数】输入轴网间距数值。轴网间距还可通过【上移↑】及【下移↓】调整位置,【常数】支持手动修改。

**4. 数据清空**

【数据清空】:可以一键清空已有数据。

**5. 轴网转角**

【转角】:可用于放置具有角度的轴网,放置时可设置与水平方向的夹角,如图 1-2 所示。

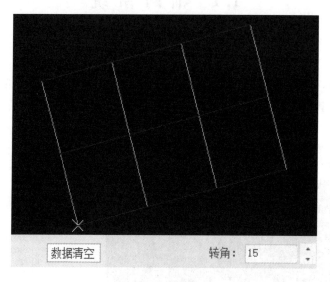

图 1-2 转角

单击【恢复上次】,可恢复上次绘制的轴网系统的间距值。

# 1.2 轴 网 名 称

**1. 绘制单根轴线**

单击【绘制】,选择要绘制的轴线类型,绘制起始点(圆心位置),绘制终点(弧半径位置),完成单根轴线绘制,如图 1-3 所示。

**2. 轴网自动排号**

单击【自动排轴号】,可对即将布置的轴网系统进行开间起轴号、进深起轴号的选择,自动生成尺寸标注和轴号,如图 1-4 所示。

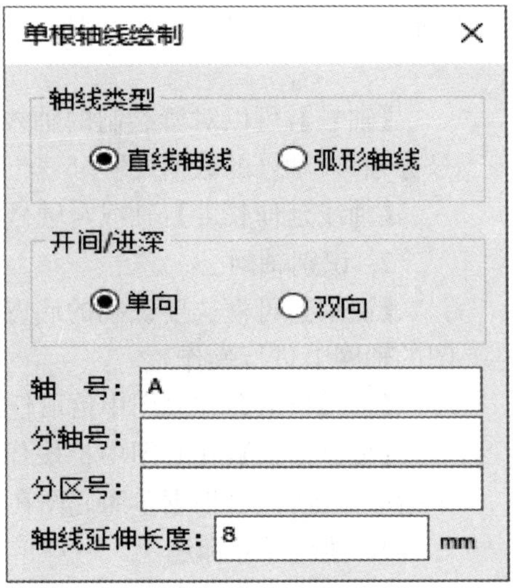

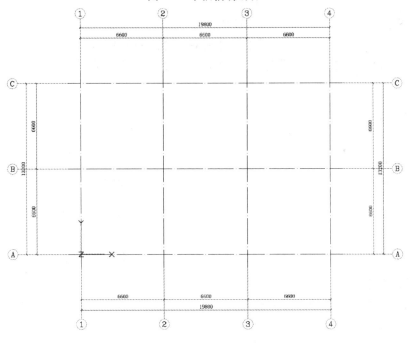

图 1-3　单根轴线绘制

图 1-4　轴网自动排号

# 1.3　轴网编辑

**1. 轴网**

轴线类型有直线轴线及弧形轴线两种。

【开间/进深】:可以绘制单向及双向的轴网,单向及双向的轴网是指轴号在轴线的一端或两端显示。

分区号　分轴号　轴号

图 1-5　轴号

【轴号】:可以对所绘制的轴线设置轴号,还应设置分区号分轴号、轴号的数值(图 1-5)。

【轴线延伸长度】:轴线与轴号的距离。

**2. 识别轴网**

【识别】:可框选要识别的底图轴网(要在已经有参照底图的轴网上进行操作)。

【轴线拾取】:在底图中拾取任意轴线。

【轴符拾取】:在底图中拾取任意轴符,单击鼠标右键结束拾取命令,即可根据参照底图在视图中生成轴网。

**3. 轴网尺寸标注**

【生成尺寸标注】:可随轴网生成对应的两道尺寸线,如图 1-6 所示。

**4. 轴线命名**

【轴线命名】:选择需要命名的轴线,弹出轴线命名的窗口,填写需要命名的内容,单击【确定】完成轴线的命名,如图 1-7 所示。

图 1-6　生成尺寸标注

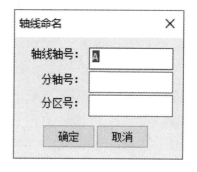

图 1-7　轴线命名

**5. 轴线排序**

【轴线排序】:选择需要排序的轴线,单击鼠标右键确认,弹出轴线排序的面板。

**6. 轴号设置**

单击一个现有轴号,勾选【关联】,在【轴号编辑】中修改数值,单击【轴号修改】刷新,单击【确定】即完成轴线的排序。通过【轴号修改】工具,还可以对现有轴号批量修改,在列表中可实时查看修改的结果,如图 1-8 所示。

**7. 轴号关联**

勾选【关联】工具后,可将此轴号之后的数值自动排序。如不勾选,仅修改当前所选轴号。

**8. 轴线属性**

选中轴线后,在属性面板中可修改相应轴线属性值。单击或拖曳不同位置夹点,可对轴线进行不同修改,如图 1-9 所示。

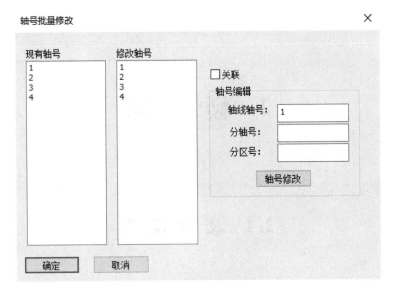

图 1-8　轴号批量修改

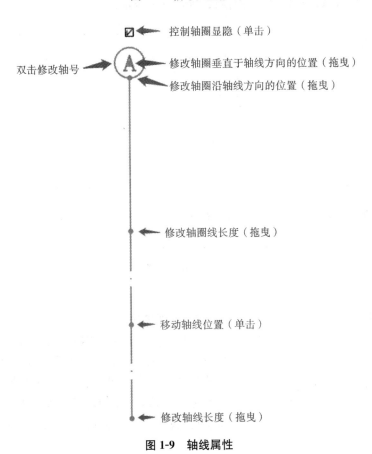

图 1-9　轴线属性

# 2　楼　　层

## 2.1　楼 层 设 置

**1. 设置楼层**

单击【楼层设置】，弹出楼层管理窗口，如图 2-1 所示。

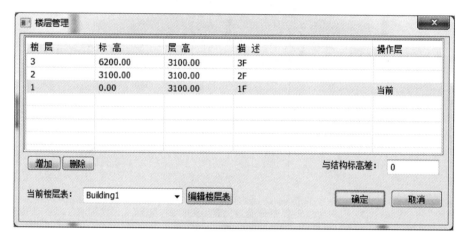

图 2-1　楼层管理窗口

图 2-2　新楼层设置窗口

**2. 增加楼层**

选中任意楼层，单击【增加】，弹出新楼层设置窗口（图 2-2），通过下拉菜单或手动输入楼层层高，可以修改楼层层高。单击【重复添加数】的下拉菜单或手动输入数值，可以修改要添加的楼层数量。选择楼层进行【向上添加】或【向下添加】，可以添加要增加的楼层。

# 2.2　楼 层 属 性

**1. 楼层属性**

单击【楼层属性管理器】,弹出楼层属性管理窗口(图 2-3)。

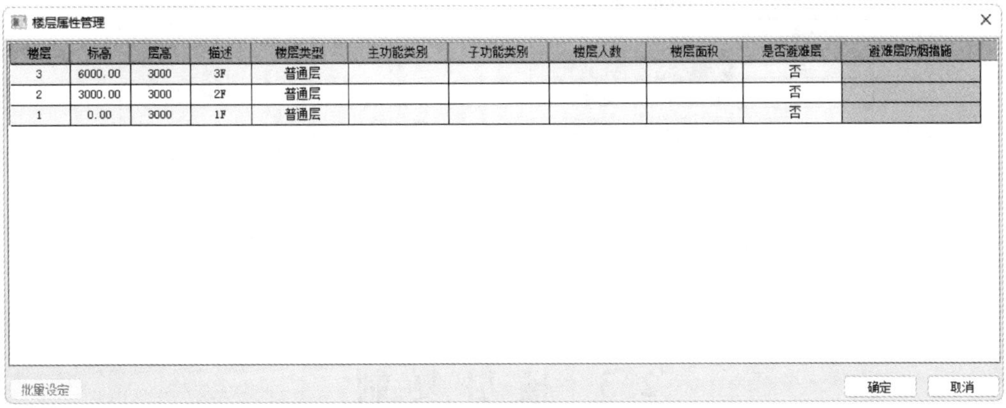

| 楼层 | 标高 | 层高 | 描述 | 楼层类型 | 主功能类别 | 子功能类别 | 楼层人数 | 楼层面积 | 是否避难层 | 避难层防烟措施 |
|---|---|---|---|---|---|---|---|---|---|---|
| 3 | 6000.00 | 3000 | 3F | 普通层 | | | | | 否 | |
| 2 | 3000.00 | 3000 | 2F | 普通层 | | | | | 否 | |
| 1 | 0.00 | 3000 | 1F | 普通层 | | | | | 否 | |

批量设定　　　　　　　　确定　取消

**图 2-3　楼层属性管理窗口**

窗口中的【楼层】【标高】【层高】【描述】都根据楼层设置中的参数自动读取。用户根据需要选择【楼层类型】,填写【主功能类别】【子功能类别】【楼层人数】【楼层面积】等参数。

选择【是否避难层】为【是】时,【避难层防烟措施】下拉可选择多个选项,如图 2-4所示。

**2. 层高**

双击楼层属性管理窗口中的【层高】或【描述】,可以手动输入层高数值及对应的楼层描述。

**3. 层高与结构标高差**

可以手动输入被选中楼层的层高与结构标高差。

**4. 编辑楼层表**

单击【编辑楼层表】,弹出楼层表管理窗口,如图 2-5 所示。该功能对同一项目中不同楼层表的多栋建筑进行楼层表管理。单击【添加】可以新增楼层表,单击【删除】可以删除楼层表。在已有楼层表中选中任意楼层表,单击【确定】,可以在楼层表管理窗口的当前楼层表的下拉菜单中进行楼层表切换,并对切换后的楼层进行楼层管理设置。

完成楼层管理设置后,单击【确定】,项目浏览器中的楼层会自动进行同步,并提示【楼层修改完毕!】。

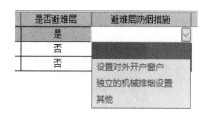

图 2-4  避难层防烟措施

图 2-5  楼层表管理窗口

# 2.3  楼 层 复 制

## 1. 楼层复制

单击【楼层复制】,弹出楼层复制窗口,可以对所在楼层的全部或部分类型构件进行指定楼层的复制,如图 2-6 所示。

图 2-6  楼层复制窗口

**2. 局部复制**

在楼层平面中框选要复制的范围,单击【局部复制】,弹出如图 2-7 所示的窗口,可以将所在楼层框选的所有构件按楼层进行复制。

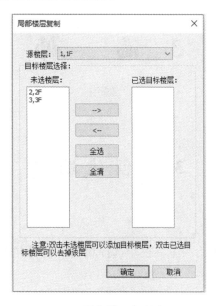

图 2-7　局部楼层复制窗口

**3. 楼层删除**

通过选择构件类型和楼层,可以对选中的楼层中的各类构件进行批量删除。选中任意楼层,单击【删除】,即可删除楼层,如图 2-8 所示。

图 2-8　楼层删除

# 3　墙　　体

## 3.1　创建墙体

**1.　创建墙体**

单击【墙】工具,在墙体抬头工具栏中选择相应的绘制方式,选择参考线的位置,绘制墙体的起始点和终止点。

**2.　绘制方式**

通过墙体抬头工具栏中的【绘制方式】【参考线】【参考线偏移值】的设置绘制墙体,可以绘制【直线墙】【连续绘墙】【矩形墙】【三点弧墙】【圆心半径弧墙】【多边形墙】等不同形式的墙体,如图 3-1 所示。

**图 3-1　墙体抬头工具栏**

**3.　墙体抬头工具栏**

墙体抬头工具栏具有以下功能。

【直线墙】:绘制一段墙体。

【连续绘墙】:连续绘制折线的墙体,单击鼠标右键结束绘制。

【矩形墙】:绘制由四段墙体组成的矩形墙体。

【三点弧墙】:绘制由两点之间的弦长确定的弧形墙体。

【圆心半径弧墙】:绘制由圆心半径确定的弧形墙体。

【多边形墙】:绘制任意多边形,由轮廓形成墙体块,单击鼠标右键结束绘制。

**4.　参考线**

单击基本结构墙体的【参考线】工具,可以绘制中心线、内表面、外表面。单击复合结构墙体的【参考线】工具,可以绘制中心线、内表面、外表面、核心层中心线、核心层外表面、核心层内表面。

【中心线】:墙体将处于居中的位置。

【内表面】:沿绘制路径方向,在墙体的左边界位置放置。

【外表面】：沿绘制路径方向，在墙体的右边界位置放置。

【参考线偏移值】：可以绘制墙体与当前参考线的距离。

注意：绘制连续的墙体、矩形的墙体，会默认自动成组，单击激活【暂停组】后墙体为分段式，可对单段墙体二次编辑。

**5. 墙体属性信息**

【底部链接楼层】：确定构件所属当前楼层。

【底部偏移】：可以向上或向下移动墙体，同时可以改变底端的高度位置（负数向下，正数向上）。

【顶部链接楼层】：设置构件的顶部到达的楼层。

【顶部偏移】：使墙体向上或向下延伸，改变顶端的高度位置（负数向下，正数向上）。

【墙体高度】：改变墙体垂直的高度数值。

【墙体厚度】：改变墙体的厚度。

【墙体参考线偏移】：改变偏离所选参考线位置的距离。

【结构类型】：设置基本结构或复合结构。

**6. 布置墙体**

单击【布置墙】，对墙体进行布置，如图 3-2 所示。绘制过程中，可单击快捷键 Z 键，切换墙体的参考线位置。

图 3-2　布置墙

# 3.2　编 辑 墙 体

单击墙体的夹点/参考线，可以选择激活编辑面板对应的功能图标。鼠标移动到目标位置进行编辑操作，单击鼠标左键完成操作。选中墙体构件，在墙体属性面板中，对墙体构件的属性信息进行修改。在弹出的墙体编辑面板中，可进行夹点方式编辑。在二维、三维视图下，单击不同的夹点，鼠标附近会弹出不同的编辑面板，可对墙体进行便捷的编辑操作，如图 3-3 和图 3-4 所示。

【拉伸】：对二维墙体的长度进行拖动拉伸修改。通过属性工具可对墙体构件进行编辑。

【拉伸高度】：在三维视图下沿 Z 轴方向对墙体的高度进行拖动修改。

【拉伸长度】：在三维视图下对墙体的长度进行拖动拉伸修改。

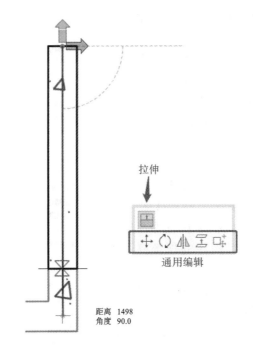

图 3-3　二维视图下单击参考线夹点

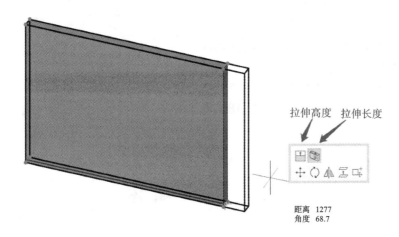

图 3-4　三维视图下单击墙体夹点

## 1. 参考线编辑

在二维视图下,单击墙体的参考线,鼠标附近弹出编辑面板,可对墙体进行便捷的编辑操作,如图 3-5～图 3-7 所示。

【插入新节点】:在鼠标单击的位置插入一个新的转折点。

【曲边】:将此段墙体在鼠标所选的新位置改变为弧形墙体。

【使用切线编辑线段】:在鼠标预选的方向与墙体成切线方向的位置,将墙体改变为弧形墙。

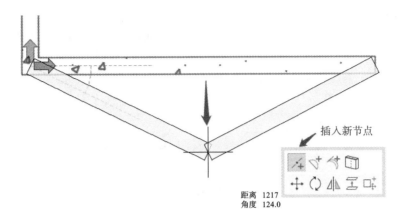

距离 1217
角度 124.0

图 3-5 插入新节点

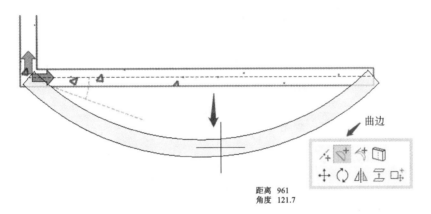

距离 961
角度 121.7

图 3-6 曲边

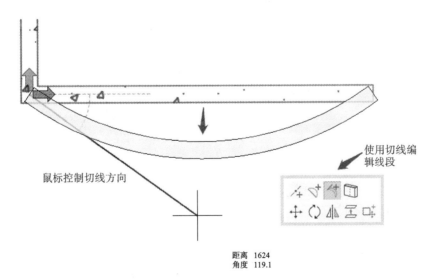

距离 1624
角度 119.1

图 3-7 使用切线编辑线段

### 2. 墙体裁剪

在墙的下拉菜单中，可在建模前对各类墙体进行裁剪设置，如图 3-8 和图 3-9 所示。

图 3-8　裁剪方式

图 3-9　裁剪默认设置

# 4 门 窗

## 4.1 创建门窗

**1. 创建门窗步骤**

单击【门】,在门的抬头工具栏中选择相应的布置方式和数值,选择放置的定位点,在目标墙体上要布置的门位置处单击鼠标左键,鼠标移动预显示门的开启方向,单击鼠标左键完成门的放置。

单击【窗】,在窗的抬头工具栏中选择相应的布置方式和数值,选择放置的定位点,在目标墙体上要布置的窗位置处单击鼠标左键,即完成窗的放置。

**2. 门窗布置方式**

通过门抬头工具栏和窗抬头工具栏,可以自由布置门窗,如图4-1、图4-2所示。可通过门窗中点布置门窗,可通过垛宽定距布置门窗。

图4-1 门抬头工具栏

图4-2 窗抬头工具栏

【自由布置】:单击鼠标左键任意布置门窗放置点,再单击鼠标左键选择门窗的开启方向,即完成操作。

【中点布置】:单击鼠标左键布置门窗放置点,门窗自动识别并布置于墙体中点位置,再单击鼠标左键选择门窗的开启方向,即完成操作。

【垛宽定距布置】:单击鼠标左键布置门窗放置点,按照抬头工具栏输入的垛宽数值,门窗自动布置于距离墙体边界垛宽值的位置,再单击鼠标左键选择门窗的开启方向,即完成操作。

【轴线等分】：单击鼠标左键布置门窗放置点，按照抬头工具栏输入等分数值，门窗自动等分并布置于此段轴线之间的墙体上，再单击鼠标左键选择门窗的开启方向，即完成操作。

【模数】：自由按照模数值的倍数放置门窗。

**3. 门窗定位点**

门窗定位点可以是【1 侧】【中心】【2 侧】。

【1 侧】：鼠标基点在门窗的左边角点位置。

【中心】：鼠标基点在门窗的中点位置。

【2 侧】：鼠标基点在门窗的右边角点位置。

# 4.2　门窗属性

**1. 门窗属性信息**

通过【门窗样式库】选择需要的门窗样式，可以选择门窗的嵌板类型、构件类型、分隔样式等，如图 4-3、图 4-4 所示。

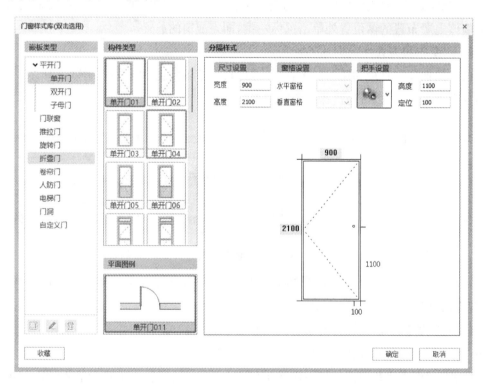

图 4-3　门窗样式库 1

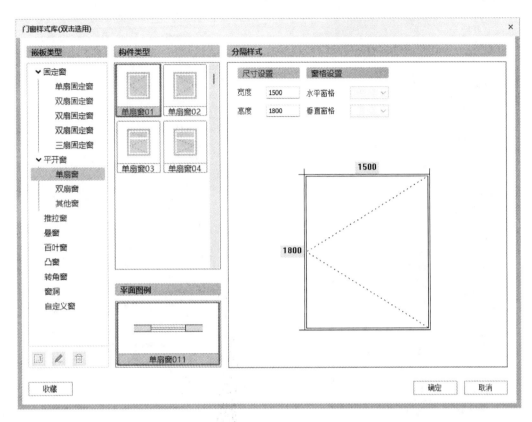

图 4-4　门窗样式库 2

**2. 门窗编号**

单击【门编号】【窗编号】，出现输入框，输入框右侧出现箭头，显示编号规则。一般默认 M 代表门，"门宽""门高"的数值是按照属性面板中门窗的宽度和高度自动读取生成的，如图 4-5 所示。

图 4-5　门编号面板

**3. 门窗的属性**

【门类型】：选择门的属性，有普通门、甲级防火门、乙级防火门、丙级防火门、电梯门等。布置门见图 4-6，布置窗见图 4-7。

【门框材质】【窗框材质】：选择门框、窗框的材质，还可以修改门框、窗框的材质。

【门面板材质】【窗面板材质】：修改门面板、窗面板的材质。

**4. 快捷键**

绘制过程中，单击快捷键 Z 键，实现墙体参考线位置的切换，如图 4-8 所示。

图 4-6　布置门

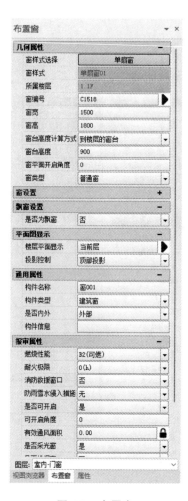

图 4-7　布置窗

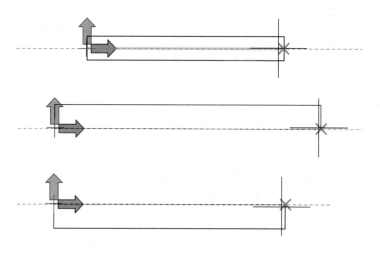

图 4-8　快捷键切换墙体参考线位置

# 4.3　编　辑　门　窗

**1. 编辑门窗的步骤**

单击门窗的夹点可激活门窗编辑面板中对应的功能图标,然后用鼠标拖动门窗,移动到目标位置进行编辑操作,单击鼠标左键完成操作;还可以选中构件,在门窗属性面板中对构件的属性信息进行修改。

**2. 弹出式编辑面板功能介绍**

在二维视图下,选中需要修改的门、窗后,在门、窗端部的夹点单击鼠标左键,鼠标附近会显示弹出式面板,除显示通用编辑命令外,还显示移动节点,可拖动改变门、窗的宽度,如图 4-9 所示。

**3. 修改门窗方向**

在二维视图下,选中需要修改的门、窗后,单击门、窗开启方向按钮,在想要放置的方向再次单击鼠标左键,可完成门、窗方向的修改,如图 4-10 所示。

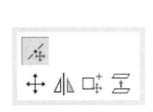

图 4-9　移动节点

图 4-10　修改门窗方向

**4. 编辑门窗的编号**

双击门窗的编号,可直接进入门窗编号的编辑状态,修改门窗的编号,如图 4-11 所示。

在三维视图下,选中需要修改的门、窗后,在门、窗端部的夹点单击鼠标左键,这时鼠标附近会显示弹出式面板。该面板除显示通用编辑命令外,还可显示【垂直拉伸】【水平拉伸】工具,如图 4-12 所示。

图 4-11　编辑门窗的编号

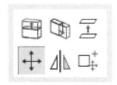

图 4-12　弹出式编辑面板

【垂直拉伸】:在垂直方向拖动改变门、窗的高度。

【水平拉伸】:在水平方向拖动改变门、窗的宽度。

### 5. 在位编辑门窗尺寸

在二维、三维视图下,选中布置后的门窗,出现临时尺寸线。单击尺寸线数值,输入数值并单击回车键,可对门窗尺寸进行修改,如图 4-13 所示。

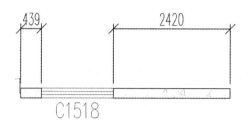

图 4-13　修改门窗尺寸

布置门窗时,单击空格键,可以切换门窗的布置方向。选中布置后的门窗,单击空格键,也可以切换门窗的布置方向。

# 5　柱

## 5.1　创　建　柱

### 1. 创建柱的步骤

可以从柱抬头工具栏创建柱。柱抬头工具栏如图 5-1 所示。

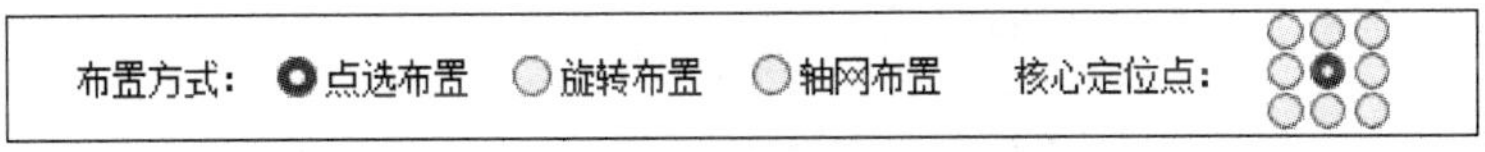

**图 5-1　柱抬头工具栏**

【点选布置】：选择柱放置时的定位点，在目标位置单击鼠标左键，完成放置。

【旋转布置】：选择柱放置时的定位点，在目标位置单击鼠标左键，移动鼠标选择合适的旋转角度，再单击鼠标左键即完成放置。

【轴网布置】：选择柱放置时的定位点，框选布置的区域，即完成放置。

## 5.2　柱　的　属　性

单击【属性】，弹出柱属性面板，如图 5-2 所示。柱的属性面板可完成以下属性设置和操作。

【截面库】：设置矩形柱、L 型钢截面、T 型钢截面、C 型钢截面、自定义截面等。

【自定义】：激活截面参数面板，如图 5-3 所示。

【顶部链接楼层】：布置构件的顶部所到达的楼层。

【顶部偏移】：向上或向下延伸柱的底部和高度，改变顶端的高度位置（负数向下，正数向上）。

【底部链接楼层】：布置构件为所属当前楼层。

【底部偏移】：向上或向下移动柱的底部，改变柱底部的高度位置（负数向下，正数向上）。

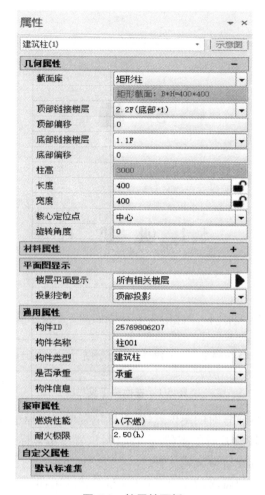

图 5-2 柱属性面板

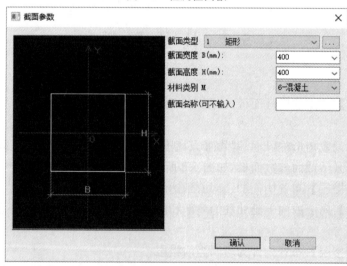

图 5-3 截面参数面板

【柱高】：柱的垂直高度数值。

【长度】：柱截面的长度。

【宽度】：柱截面的宽度。

【旋转角度】：将柱旋转后再进行放置。

布置柱时，单击快捷键 Z 键，实现定位点快速切换。

# 5.3 编 辑 柱

**1. 操作步骤**

单击柱的夹点，单击选择激活编辑面板对应的功能图标，将鼠标移动到目标位置进行编辑操作，单击鼠标左键完成操作。

选中柱构件，可以在柱属性面板中对柱构件的属性信息进行修改。

**2. 弹出式编辑面板功能介绍**

选中需要修改的柱后，在柱的夹点（边界角点、中心点）单击鼠标左键，鼠标附近会显示弹出式编辑面板。除显示通用编辑命令外，还可以显示【拉伸】【倾斜】【拉伸高度】，如图 5-4～图 5-6 所示。

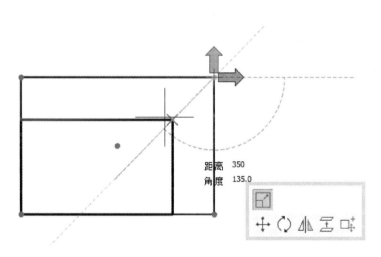

图 5-4　拉伸

【拉伸】：在二维、三维视图下，单击柱边界角点的同时，可以调整柱的宽度和长度。

【倾斜】：在二维、三维视图下，单击柱中心点可以修改调整柱的倾斜角度。

【拉伸高度】：在三维视图下，修改调整柱的高度。

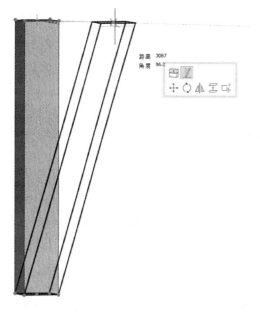

图 5-5 倾斜

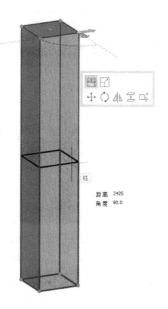

图 5-6 拉伸高度

# 6 楼　　板

## 6.1　创建楼板

单击【楼板】工具,在楼板抬头工具栏中选择相应的绘制方式(图 6-1),选择参考面位置,绘制楼板。

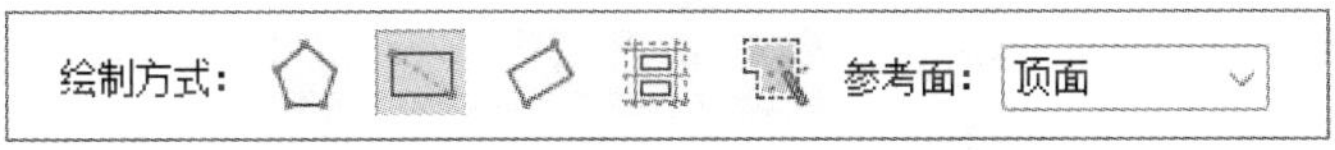

**图 6-1　楼板抬头工具栏**

楼板抬头工具栏可进行以下操作。

【多边形绘制】:绘制任意轮廓形状的楼板(单击鼠标右键、回车键或空格键能让轮廓与起始点位置自动形成闭合)。

【矩形绘制】:绘制矩形楼板。

【旋转矩形绘制】:绘制一个旋转的矩形楼板。

【框选布置】:框选墙体,沿闭合的墙体自动生成楼板。

## 6.2　楼板属性

**1. 参考线**

楼板结构参考线分为顶面参考线及底面参考线。

复合结构参考线分为顶面参考线、底面参考线、核心层上面参考线、核心层下面参考线。

**2. 楼板属性面板**

布置板面板如图 6-2 所示,可进行以下设置。

【链接楼层】:布置该楼板构件所属当前楼层。

【偏移】:向上或向下移动楼板,改变楼板底端的高度位置(负数向下,正数向上)。

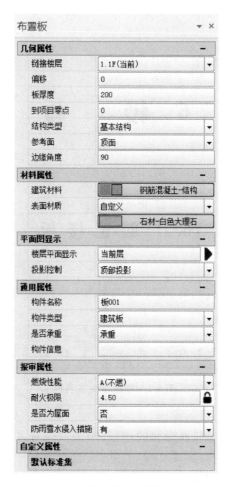

图 6-2 布置板面板

【板厚度】:设置楼板的厚度。

【到项目零点】:确定楼板到标高±0.000 的距离。

【结构类型】:将楼板分为基本结构及复合结构。

【参考面】:设置和修改楼板的参考面位置。

【边缘角度】:设置楼板垂直截面的斜切角度。

**3. 快捷键**

在楼板绘制过程中,可以单击快捷键 Z 键,实现参考面的快速切换。

# 6.3 编 辑 楼 板

**1. 操作步骤**

单击楼板的夹点/边线,单击激活编辑面板对应的功能图标,将鼠标移动到目标位置进行编辑操作,单击鼠标左键完成编辑操作。选中构件,在属性面板中修改构件的属性信息。

**2. 弹出式编辑面板功能**

选中需要修改的楼板后,单击楼板的夹点可以进行夹点编辑,这时鼠标附近显示夹点编辑面板(图6-3)。面板除显示通用编辑命令外,还显示【移动夹点】【倒角】【修改点高度】【重设形状】等工具。这些工具的功能如下。

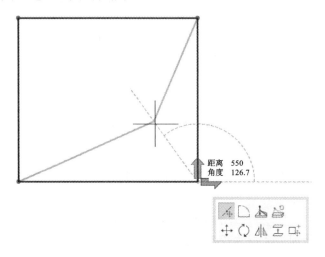

距离 550
角度 126.7

**图6-3 夹点编辑面板**

【移动夹点】:随意拖曳此夹点,改变楼板的轮廓边界形状。

【倒角】:对所选的角度进行倒角操作。

【修改点高度】:对选中的夹点高度进行单独修改。

【重设形状】:将调整过夹点或线条高度的板恢复为平板。只有调整过夹点或者线的高度的板,该按钮才会亮。

**3. 边线编辑工具**

单击【边线编辑】工具,选中需要修改的楼板后,再单击楼板的边线,鼠标附近就会显示边线编辑面板(图6-4)。面板除显示通用编辑命令外,还会显示【插入新节点】【曲边】【使用切线编辑线段】【偏移边】【偏移所有边】【楼板的轮廓编辑】【楼板的合并】等工具。这些工具的功能如下。

【插入新节点】:在楼板边线上增加一个新的节点。

【曲边】:让楼板的边线跟随鼠标拖曳的位置点,变为有弧度的边线。

【使用切线编辑线段】:让楼板的边线跟随鼠标控制的切线方向,变为有弧度的边线。

【偏移边】:对所选的楼板边线进行偏移操作。

【偏移所有边】:对楼板的所有边进行偏移操作。

【楼板的轮廓编辑】:对楼板进行增加部分或减少部分的操作(快捷键Shift可以快速切换)。

【楼板的合并】:选择相邻的楼板,单击鼠标右键确认后,完成楼板的合并。

【坡度设置】:设定该楼板边的坡度,调整被选中边的高度,使之成为斜板。

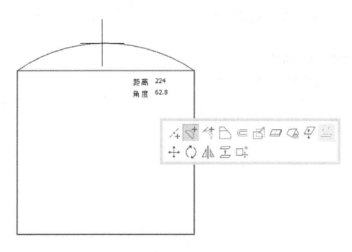

距离 224
角度 62.8

图 6-4　边线编辑面板

【调整边高度】:调整被选中边的高度。

【重设形状】:将调整过夹点或线条高度的板恢复为平板,但只有调整过夹点或线条高度的板,该按钮才会亮。

【楼板开洞】:选中已经布置好的楼板,再次激活楼板工具,将起点设置在板的范围内,此时绘制的闭合形状即为楼板的开洞形状。

# 7 梁

## 7.1 创 建 梁

单击【梁】工具,在梁抬头工具栏(图7-1)中选择相应的绘制方式,选择参考线位置,绘制梁的起始点和终止点,单击鼠标右键(回车键或空格键)结束绘制。绘制梁有【两点直梁】【连续绘梁】【矩形梁】【三点弧梁】【圆心半径绘制梁】等方式。

**图 7-1 梁抬头工具栏**

【两点直梁】:绘制一段直梁。

【连续绘梁】:连续绘制折线的梁,单击鼠标右键(回车键或空格键)结束绘制。

【矩形梁】:绘制由四段梁组成的矩形梁。

【三点弧梁】:绘制由两点之间的弦长确定的弧形梁。

【圆心半径绘制梁】:绘制由圆心半径确定的弧形梁。

## 7.2 梁 的 属 性

**1. 绘制梁的参考线**

梁的参考线有【中心线】【内表面】【外表面】三种形式。

【中心线】:限定梁的居中位置。

【内表面】:沿绘制路径方向,限定梁的左边界位置。

【外表面】:沿绘制路径方向,限定梁的右边界位置。

注意:绘制连续的梁、矩形的梁时,默认自动成组,单击激活【暂停组】后为一段一段的梁,可对单段梁进行二次编辑。

**2. 梁的属性工具**

【链接楼层】:限定该梁的构件当前所属楼层。

【顶部偏移】:向上或向下延伸梁的顶部线,改变顶端的高度位置(负数向下,正数向上)。

【截面库】:选择梁的截面为矩形截面、工字形截面、槽形截面、L 型钢截面、T 型钢截面、自定义截面等。

【自定义】:激活截面按钮,单击弹出布置梁面板,如图 7-2 所示。

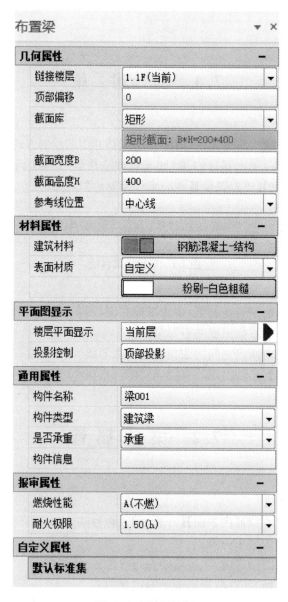

图 7-2  布置梁面板

**3. 绘制梁的快捷键**

绘制梁的过程中,可以单击快捷键 Z 键,切换梁的参考线。

# 7.3　编　辑　梁

**1. 操作步骤**

单击梁的夹点/参考线,再单击选择激活编辑面板对应的功能图标,通过鼠标移动梁到目标位置进行编辑操作,单击左键完成操作。选中梁的构件时,会弹出梁的属性面板,在属性面板中可对梁构件的属性信息进行编辑和修改。

**2. 梁夹点编辑面板功能**

在二维、三维视图下,移动鼠标单击不同的夹点,这时鼠标附近会弹出不同的夹点编辑面板,可对梁进行便捷的编辑操作,如图 7-3 所示。

梁夹点编辑面板具有以下功能。

【拉伸】:对二维、三维视图下梁的长度进行拖动拉伸修改。

【通用编辑】:对构件进行通用编辑。

【参考线编辑】:在二维、三维视图下,单击梁的参考线,鼠标附近弹出梁参考线编辑面板,可对梁进行便捷的编辑操作,如图 7-4 所示。

图 7-3　梁夹点编辑面板

图 7-4　梁参考线编辑面板

【插入新节点】:在鼠标单击的位置插入一个新的转折点。

【曲边】:将此段梁构件在鼠标所选的新位置改变为弧形梁。

【使用切线编辑线段】:在鼠标预选的方向与梁成切线方向的位置,将梁改变为弧形梁。

# 8 楼　梯

## 8.1 创建楼梯

单击激活楼梯图标(图 8-1),出现楼梯抬头工具栏(图 8-2),可选择要创建的楼梯类型、布置方式和核心定位点。楼梯类型有直跑楼梯、双跑楼梯、L 型转角楼梯、剪刀梯。楼梯的布置方式有旋转布置和自由绘制。

图 8-1　楼梯图标

图 8-2　楼梯抬头工具栏

**1. 楼梯的旋转布置**

在布置楼梯面板中(图 8-3),先选择楼梯的表达方式、顶部链接楼层、底部链接楼层、梯段宽度等参数。设置修改完毕后,开始绘制楼梯。(隐藏功能:单击【梯间宽度】的输入框右侧的箭头,可对所选的两点之间的梯间进行测量,并自动生成梯间宽度。)

绘制楼梯时首先单击创建第一个点,再次单击选择第二个点,可完成旋转放置楼梯,单击鼠标右键退出楼梯绘制,如图 8-4 所示。

绘制过程中也可以切换核心定位点、楼梯类型以及布置方式,如图 8-5 所示。

**2. 楼梯自由绘制**

在楼梯自由绘制过程中,可以绘制直线楼梯,在绘制时可以切换参考线,如图 8-6 所示。

通过自由绘制也可以绘制弧形楼梯,可以先确定参考线位置,如图 8-7 所示。

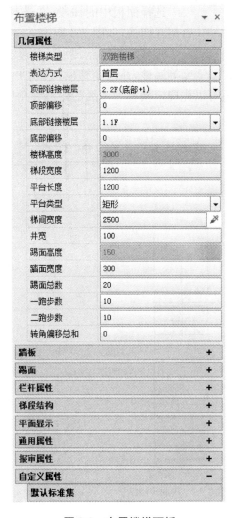

图 8-3  布置楼梯面板

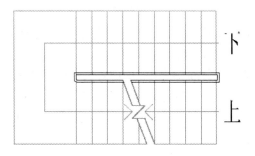

图 8-4  楼梯绘制

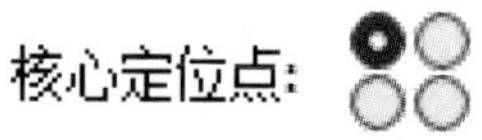

核心定位点：

**图 8-5 切换核心定位点**

选择面板中的梯段，并选择弧形绘制，梯段可以和平台相互切换，如图 8-8 所示。

先确定起始点、距离、角度、踏步数、踏面宽度、梯段宽度等属性，并绘制梯段；绘制平台需要确定起始点、距离、角度、梯段宽度等属性。还可以先确定楼梯参考线的距离和角度，如图 8-9 所示。

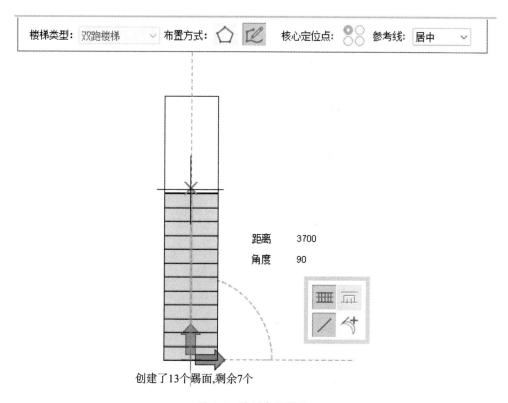

楼梯类型：双跑楼梯　布置方式：　核心定位点：　参考线：居中

距离　　　3700
角度　　　90

创建了13个踢面，剩余7个

**图 8-6 绘制直线楼梯**

楼梯类型：双跑楼梯　布置方式：　核心定位点：　参考线：居中

**图 8-7 绘制弧形楼梯**

梯段绘制完成后，采用鼠标挪动的方式确定距离（距离为楼梯参考线起始点到终点的直线距离）及角度（角度即为弧度），如图 8-10 所示。

选择矩形绘制时，梯段及平台都将绘制为矩形；选择弧形绘制时，梯段及平台都将绘制为弧形；也可以选择矩形和弧形交替绘制，如图 8-11 所示。如果切换抬头工具栏的楼梯类型（图 8-12），还可以布置 L 型转角楼梯和剪刀楼梯（图 8-13、图 8-14）。

**3. 绘制楼梯的快捷键**

布置双跑楼梯时，可通过单击快捷键 Z 键，切换楼梯定位点位置。

创建了20个踢面，剩余0个

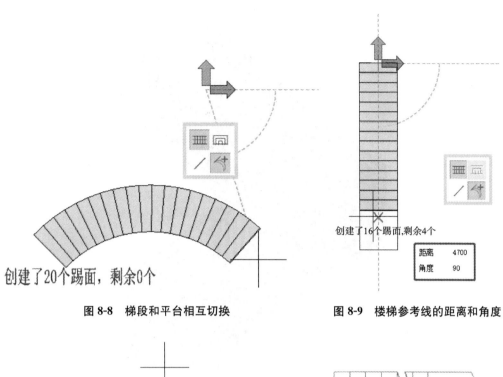

图 8-8　梯段和平台相互切换

创建了16个踢面,剩余4个
距离 4700
角度 90

图 8-9　楼梯参考线的距离和角度

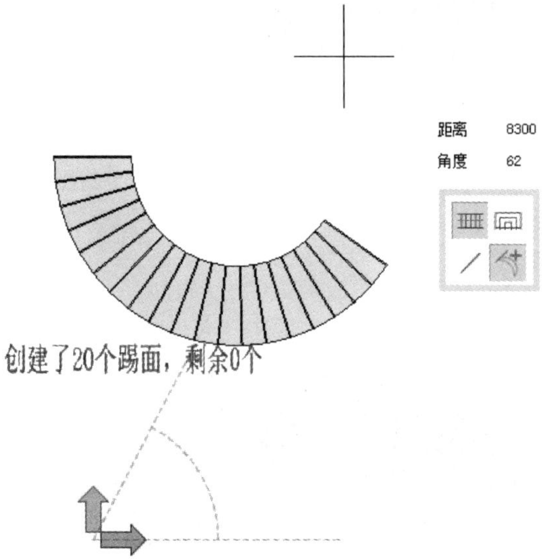

距离 8300
角度 62
创建了20个踢面，剩余0个

图 8-10　确定距离及角度

上
下

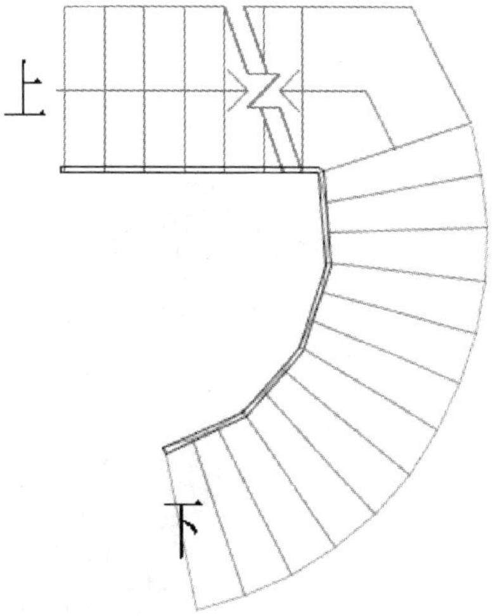

图 8-11　矩形和弧形交替绘制

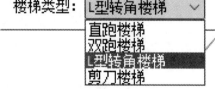

楼梯类型：
L型转角楼梯
直跑楼梯
双跑楼梯
L型转角楼梯
剪刀楼梯

图 8-12　楼梯类型

图 8-13　L 型转角楼梯

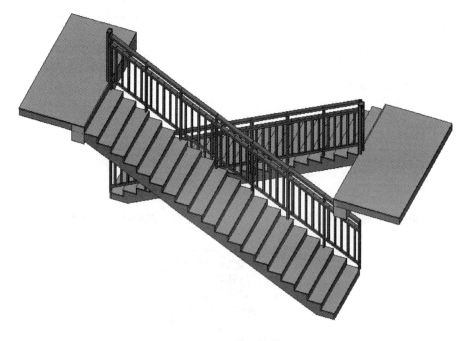

图 8-14　剪刀楼梯

# 8.2　编辑楼梯

**1. 编辑绘制好的楼梯**

拖动楼梯的箭头修改相应梯段的踏步数；同时可以修改另一梯段的踏步数，但总的踏步数不变(图 8-15)。

拖动楼梯两侧箭头，可拉伸梯段宽度(图 8-16)。

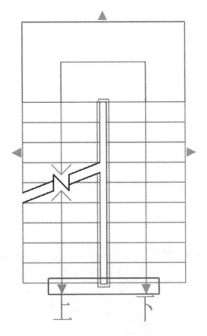
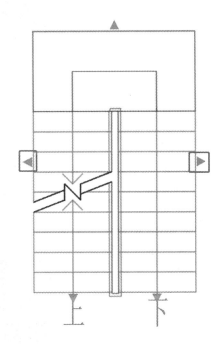

图 8-15　修改踏步数　　　　　　　　图 8-16　拉伸梯段宽度

拖动楼梯平台上的箭头，可以拉伸平台宽度(图 8-17)。

绘制完毕后，在属性面板中修改楼梯栏杆位置，如图 8-18 所示。

**2. 编辑自由绘制的楼梯**

自由绘制的单跑楼梯，与放置楼梯应保持一致，如图 8-19 所示。

自由绘制的双跑楼梯，与放置楼梯应保持一致，如图 8-20 所示。

自由绘制的转角楼梯，与放置楼梯应保持一致，如图 8-21 所示。

自由绘制弧形楼梯时，可以通过小箭头改变宽度和踏步数，如图 8-22 所示。

自由绘制异形楼梯时，可以通过小箭头改变踏步数，如图 8-23 所示。

自由绘制的楼梯属性面板，如图 8-24 所示。

AB
AB

AB

AB

AB
ABC
ABC
ABC
ABC
ABC
ABC

ABC

ABC

ABC

ABC

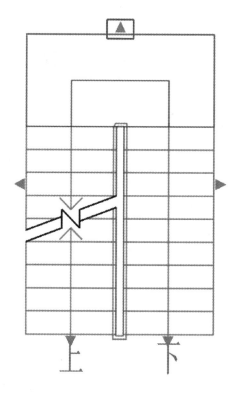

图 8-17  拉伸平台宽度

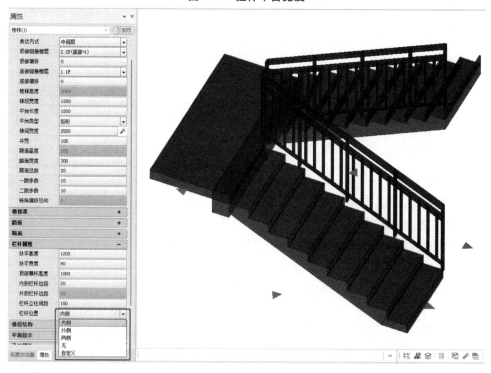

图 8-18  修改楼梯栏杆位置

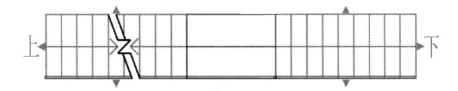

图 8-19　单跑楼梯

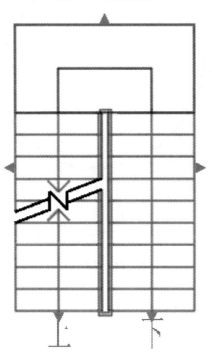

图 8-20　双跑楼梯

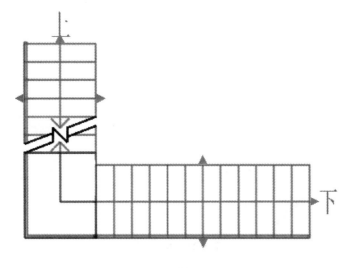

图 8-21　转角楼梯

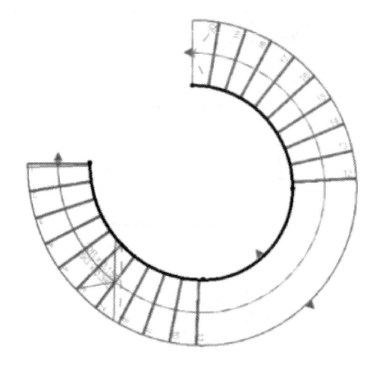

图 8-22　弧形楼梯

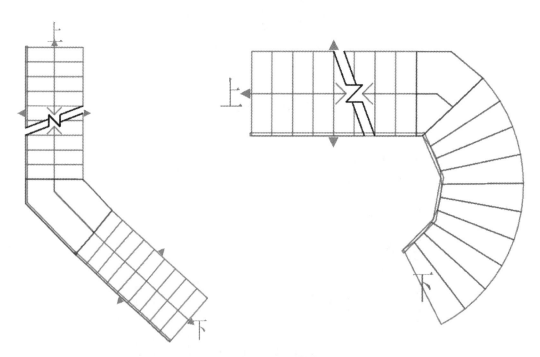

图 8-23　异形楼梯

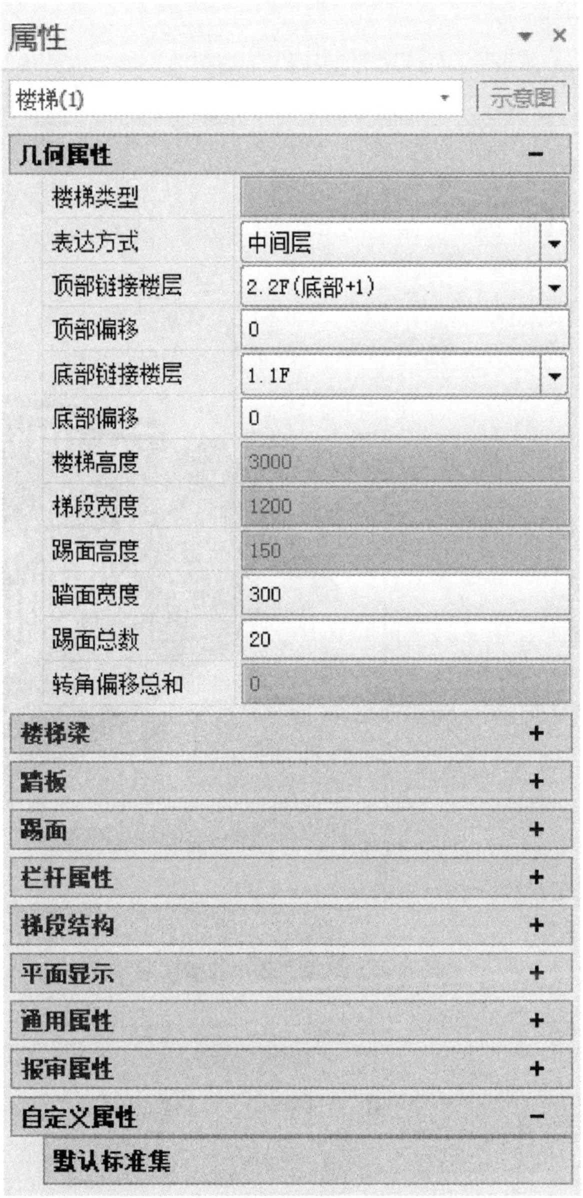

图 8-24  自由绘制的楼梯属性面板

# 8.3  楼 梯 梁

选中创建完成的直跑楼梯、双跑楼梯、剪刀楼梯时,属性面板会出现楼梯梁。属性栏可以对楼梯梁的尺寸进行修改,检查楼梯是否布置楼梯梁,如图 8-25 所示。

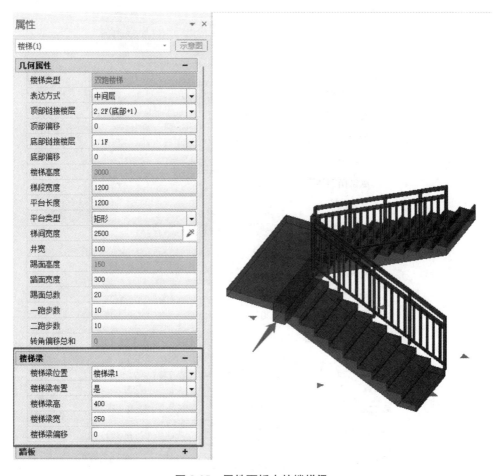

图 8-25　属性面板中的楼梯梁

# 8.4　台　　阶

单击【台阶】工具,在台阶抬头工具栏中选择相应的台阶类型、绘制方式,选择台阶的布置方向,绘制台阶的起始点和终止点。

## 1. 台阶绘制方式

在台阶抬头工具栏(图 8-26)中,选择台阶类型、绘制方式等工具进行台阶的绘制。

图 8-26　台阶抬头工具栏

台阶的类型有【三侧】【两侧】和【单侧】三种。在台阶类型中,红色图形代表此边有踏步,蓝色图形代表此边无踏步。布置方向有【向上】和【向下】两种。绘制方式有【中心定位】和【两点定长】两种。

【中心定位】:以台阶长度的中间位置为轴线,定位放置台阶。

【两点定长】:鼠标所选的两点之间的距离为台阶的长度,定位放置台阶。

【向上】:以踏步的边为定位边,从踏步向休息平台的方向布置,如图 8-27 所示。

【向下】:以休息平台的边为定位边,从休息平台向踏步的方向布置,如图 8-28 所示。

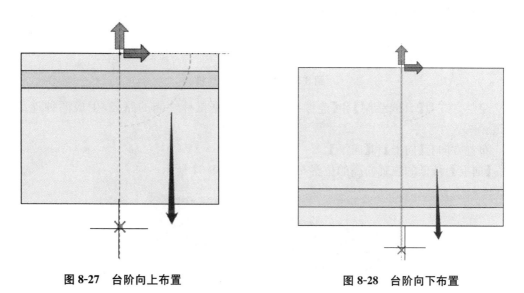

图 8-27　台阶向上布置　　　　　　　图 8-28　台阶向下布置

**2. 编辑台阶**

夹点编辑,选中需要修改的台阶后,单击台阶的夹点,鼠标附近显示编辑面板。该面板除显示通用编辑命令,还显示【拉伸宽度】,即拖曳调整台阶的宽度,如图 8-29 所示。

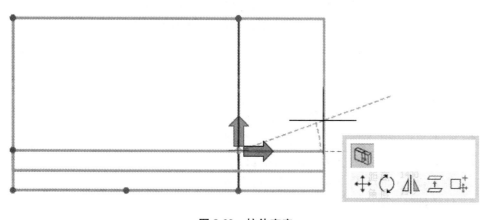

图 8-29　拉伸宽度

# 8.5 坡 道

**1. 创建坡道**

单击【坡道】工具,在坡道的抬头工具栏中选择相应的绘制方式,选择坡道的参考线位置,绘制坡道的起始点和终止点(图 8-30)。

**图 8-30 坡道抬头工具栏**

绘制方式有【直线绘制】和【连续线绘制】。根据鼠标绘制的路径,生成两种连续的坡道。

布置方向有【向上】和【向下】。

【向上】:从低的位置向高的位置布置坡道,如图 8-31 所示。

**图 8-31 坡道向上布置**

【向下】:从高的位置向低的位置布置坡道,如图 8-32 所示。

**图 8-32 坡道向下布置**

**2. 参考线**

参考线位置有【左侧】【中心】【右侧】三种。

【左侧】:以坡道的左侧为定位边线进行绘制。

【中心】:以坡道的中心线为定位边线进行绘制。

【右侧】:以坡道的右侧为定位边线进行绘制。

**3. 连续绘制坡道**

连续绘制坡道时,会弹出绘制坡道段和平台段的面板。用户可根据要绘制的部分进行选择,如图 8-33 所示。

绘制过程中,软件会自动判定是否对两次单独绘制的坡道生成转弯平台:如果可以生

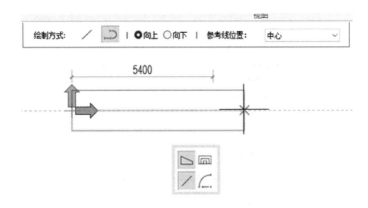

**图 8-33　连续绘制坡道面板**

成转弯平台,则出现绿色样式的动态;如果不能生成转弯平台,则不会出现绿色的动态效果,如图 8-34、图 8-35 所示。

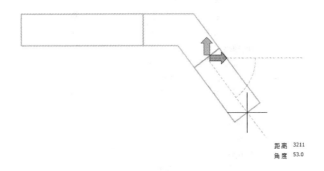

**图 8-34　能生成转弯平台**

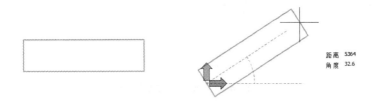

**图 8-35　不能生成转弯平台**

**4. 坡道属性**

单击鼠标右键结束绘制坡道后,可对坡道进行挡墙设置等操作,如图 8-36 所示。

通过坡道属性面板还可以绘制结构架空坡道、建筑回填坡道、增加挡墙并拾取坡道生成栏杆(图 8-37～图 8-39)。

**5. 编辑坡道**

选中已经绘制的坡道,单击参考线,弹出坡道面板(图 8-40)。在坡道面板中单击坡道夹点编辑坡道功能(图 8-41)。坡道面板中除了通用功能,还可修改夹点高度。

双击坡道上的坡度数值,可直接修改坡道坡度(图 8-42)。

图 8-36　坡道属性面板

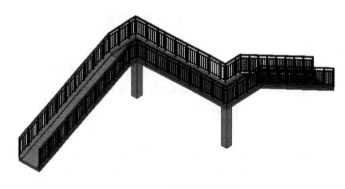

图 8-37　结构架空坡道

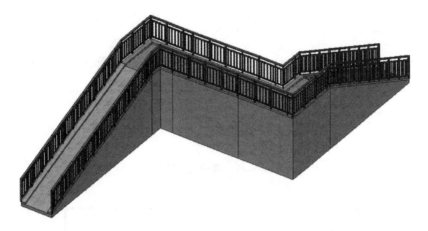

图 8-38　建筑回填坡道

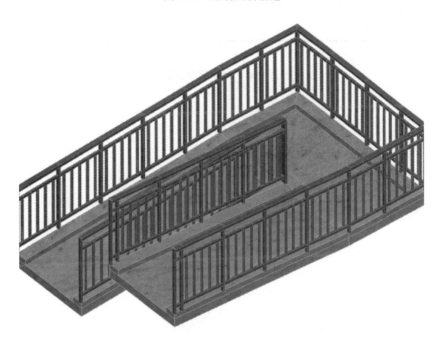

图 8-39　增加挡墙并拾取坡道生成栏杆

图 8-40　坡道面板

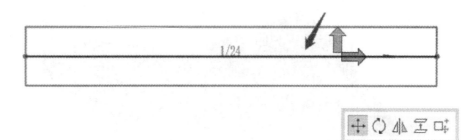

图 8-41　编辑坡道功能

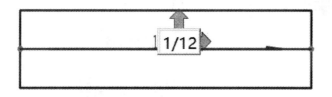

图 8-42　修改坡道坡度

# 9 屋 顶

## 9.1 创 建 屋 顶

单击屋顶选项卡,如图 9-1 所示。在屋顶属性面板中(图 9-2),可以对屋顶的参数和属性进行设置。

**图 9-1　屋顶选项卡**

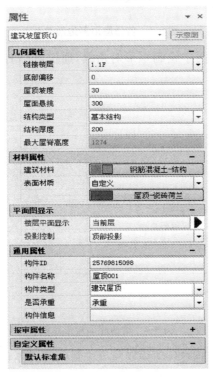

**图 9-2　屋顶属性面板**

屋顶的类型包括普通屋顶、双坡屋顶、单坡屋顶等。

# 9.2 屋顶的绘制方式

### 1. 普通屋顶的绘制方式

普通屋顶有多边形绘制、矩形绘制、自动拾取轮廓生成三种绘制方式。

【多边形绘制】:在一个平面中任意绘制闭合的区域,会生成多边形坡屋顶。在绘制多边形屋顶过程中,会弹出绘制面板,通过面板可切换绘制的方式,如图 9-3 所示。

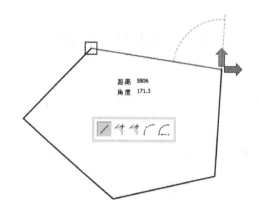

图 9-3 普通屋顶多边形绘制

【矩形绘制】:在一个平面中绘制矩形对角线,通过鼠标右键生成四坡屋顶,如图 9-4 所示。

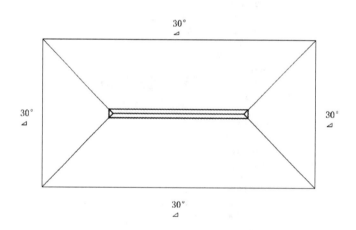

图 9-4 普通屋顶矩形绘制

【自动拾取轮廓生成】:通过自动读取模型中封闭的墙体轮廓线,自动生成屋顶,如图 9-5 所示。

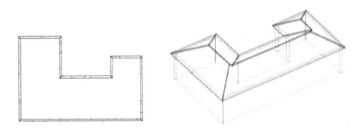

图9-5　普通屋顶自动拾取轮廓生成

**2. 双坡屋顶的绘制方式**

双坡屋顶有特殊绘制和矩形绘制两种绘制方式。双坡屋顶抬头工具栏如图9-6所示。

图9-6　双坡屋顶抬头工具栏

【特殊绘制】：先确定与屋脊垂直的屋顶边的方向，再由这条边生成屋顶。可单击鼠标左键绘制与屋脊垂直的屋顶边，再由此边绘制矩形拉出双坡屋顶，如图9-7所示。

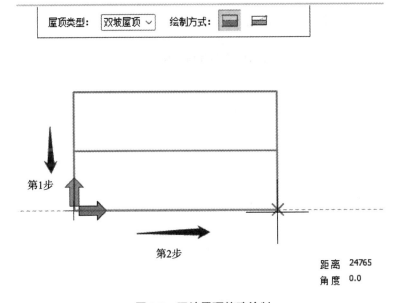

图9-7　双坡屋顶特殊绘制

【矩形绘制】：先绘制矩形对角线，然后生成双坡屋顶，如图9-8所示。

**3. 单坡屋顶的绘制方式**

单坡屋顶有特殊绘制和矩形绘制两种绘制方式。单坡屋顶抬头工具栏如图9-9所示。

【特殊绘制】：先绘制屋顶的屋檐边，从坡道低的方向向坡道高的方向绘制，然后生成单坡屋顶，如图9-10所示。

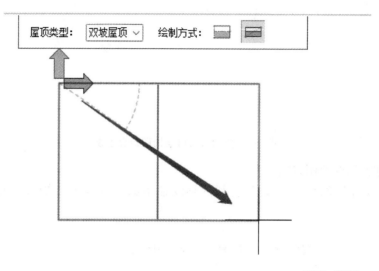

图 9-8　双坡屋顶矩形绘制

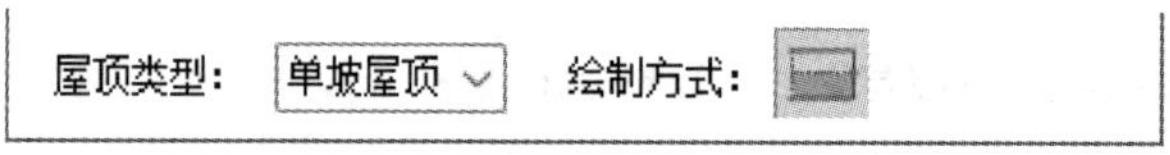

图 9-9　单坡屋顶抬头工具栏

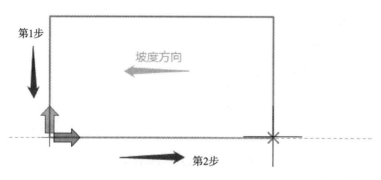

图 9-10　单坡屋顶特殊绘制

# 9.3  屋顶的墙体

**1. 屋顶坡度**

单击屋顶的内边线,弹出屋顶编辑面板(图 9-11)。选择【坡度设置】,可对此边的坡度进行修改。屋顶坡度界限为 90°,大于 90°时弹回上一次设置的坡度,屋顶坡度不改变。绘制过程中屋顶坡度可在视图中查看。

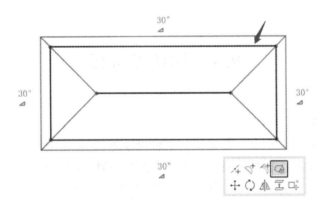

图 9-11  屋顶编辑面板

**2. 屋顶附着**

单击屋顶,在编辑菜单栏中选择【附着】,再单击被附着的墙体,单击鼠标右键确认,单击要附着的墙体,再单击鼠标右键确认,即完成屋顶附着,如图 9-12 所示。

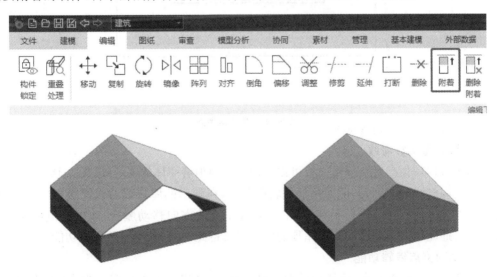

图 9-12  屋顶附着

**3. 删除附着**

在编辑菜单栏中选择【删除附着】,选择已附着的墙,单击鼠标右键确认,即可完成删除附着,如图 9-13 所示。

图 9-13　删除附着

# 9.4　屋顶参考线

**1. 屋顶参考线**

单击屋顶参考线(图 9-14)。除通用的编辑命令外,在弹出的屋顶参考线编辑面板中(图 9-15),还可对这条边界线进行【插入新节点】【曲边】【使用切线编辑线段】【坡度设置】等功能的编辑。这些功能仅普通屋顶具备,其他屋顶仅有【坡度设置】。

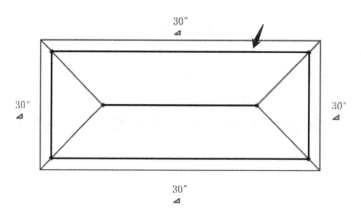

图 9-14　屋顶参考线

**2. 墙体屋顶参考线**

通过墙体屋顶参考线编辑面板可以绘制与屋顶附着墙体的参考线(图 9-16)。

单击屋脊线(图 9-17),除通用的编辑命令外,在弹出的屋脊线编辑面板中(图 9-18),还可对所选择的屋脊线进行平移,可沿屋脊线垂直的方向移动屋脊,改变两侧屋顶的坡度。仅普通屋顶类型创建的矩形屋顶的屋脊线具备此功能,其他屋顶无该功能。

**3. 屋顶夹点编辑功能**

单击屋顶的边界夹点,除通用的编辑命令外,在弹出的夹点编辑面板中(图 9-19),还可移动所选择的夹点,可以通过拖曳将其移动到其他位置,改变屋顶的外轮廓形状。

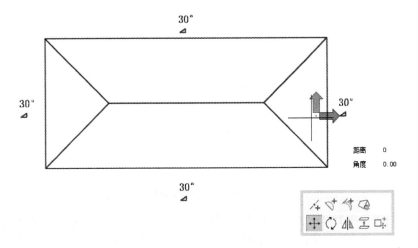

图 9-15　屋顶参考线编辑面板

图 9-16　墙体屋顶参考线编辑面板

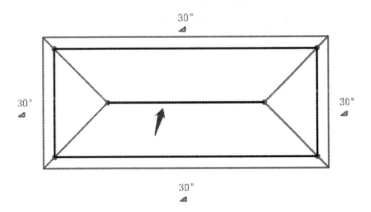

图 9-17　屋脊线

图 9-18　屋脊线编辑面板

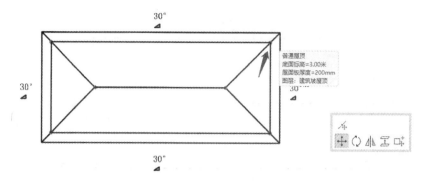

**图 9-19　夹点编辑面板**

　　单击普通屋顶屋脊线夹点,除通用的编辑命令外,在弹出的普通屋顶屋脊线夹点编辑面板中(图 9-20),还可对此点进行拉伸。屋脊沿着屋脊线平行的方向移动,拉伸改变屋脊线的长短。

**图 9-20　普通屋顶屋脊线夹点编辑面板**

　　【平移屋脊】:沿屋脊线垂直的方向移动屋脊的位置,并可改变两侧屋顶的坡度。仅普通屋顶类型创建的矩形屋顶具备此功能,其他屋顶无此功能。

# 10 幕　　墙

## 10.1　创建幕墙

单击【幕墙】工具,在幕墙抬头工具栏中选择相应的绘制方式(图 10-1),选择参考线的位置,绘制幕墙的起始点和终止点。在抬头工具栏中可对绘制方式、参考线等进行编辑。

图 10-1　幕墙抬头工具栏

**1. 幕墙绘制**

幕墙的绘制方式有【直线墙】【连续绘墙】【矩形墙】【三点弧墙】【圆心半径弧墙】。具体功能如下。

【直线墙】:绘制一段直线幕墙。

【连续绘墙】:连续绘制折线的幕墙,单击鼠标右键(回车键或空格键)结束绘制。

【矩形墙】:绘制由四段幕墙组成的矩形幕墙。

【三点弧墙】:绘制由两点之间的弦长确定的弧形幕墙。

【圆心半径弧墙】:绘制由圆心半径确定的弧形幕墙。

**2. 参考线**

【中心线】:幕墙的居中位置。

【内表面】:沿绘制路径方向,在幕墙的左边界位置。

【外表面】:沿绘制路径方向,在幕墙的右边界位置。

**3. 属性信息**

【幕墙类型】:当前只支持规则幕墙。

【底部链接楼层】:构件所属当前楼层。

【底部偏移】:向上或向下移动,改变底端的高度位置(负数向下,正数向上)。

【顶部链接楼层】:构件的顶部所到达的楼层。

【顶部偏移】:向上或向下延伸,改变顶端的高度位置(负数向下,正数向上)。

【幕墙高度】:幕墙垂直的高度数值。

**4. 幕墙属性**

单击所绘制的幕墙,弹出布置幕墙面板(图 10-2),通过面板可以对已经编辑好的幕墙进行修改。

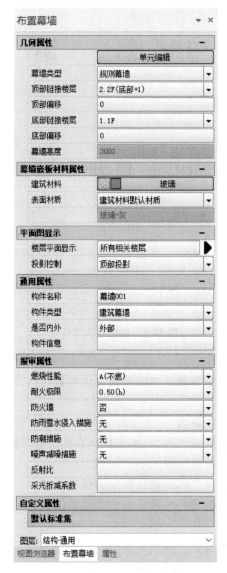

图 10-2　布置幕墙面板

# 10.2　幕　墙　属　性

**1. 快捷键**

绘制过程中,可通过单击快捷键 Z 键快速切换幕墙参考线位置。

## 2. 幕墙编辑

单击幕墙属性栏的【单元编辑】(图 10-3),可以对幕墙单元进行编辑(图 10-4)。

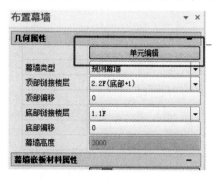

图 10-3 单元编辑

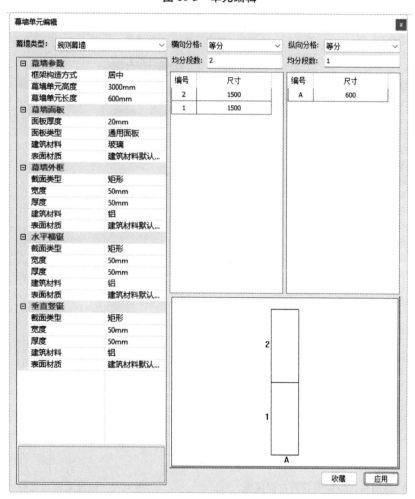

图 10-4 幕墙单元编辑

在幕墙单元编辑窗口内左侧面板(图 10-5),可以对幕墙参数、幕墙面板、幕墙外框、水平横铤、垂直竖铤等进行设置。

在幕墙单元编辑窗口内右侧面板,可以对幕墙单元分格进行设置(图 10-6),分格方式为等分和自定义两种。

图 10-5　幕墙单元编辑窗口内左侧面板

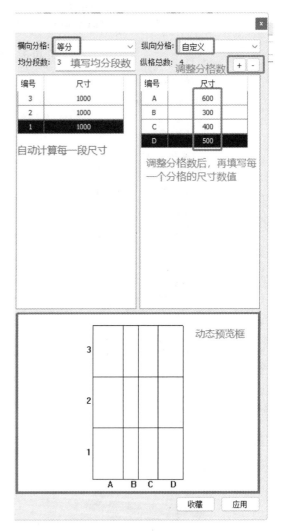

图 10-6　设置幕墙单元分格

【等分】:软件根据等分段数自动计算每一段尺寸。

【自定义】:用户可以手动输入每一个分格的尺寸数值。调整分格的过程中,可在动态预览框中查看效果。

# 11 洞　　口

## 11.1　创 建 洞 口

该软件中的洞口工具目前支持在墙、楼板、屋顶上创建洞口,创建方式包括布置方式和绘制方式两种。

单击【洞口】,在洞口抬头工具栏中选择相应的布置方式和数值,选择定位点(图11-1)。洞口布置时可以在屏幕上进行预览,单击目标构件,选择要布置的位置或要绘制的洞口形状。

图 11-1　洞口抬头工具栏

注意:Ctrl＋Tab 键可精准切换要开洞口的重叠构件(楼板、墙、屋顶)。

### 1. 洞口位置

洞口基于墙体的位置可以采用【自由】【中点】【跺宽定距】等方式布置,如图 11-2 所示。

【自由】:在鼠标单击的位置完成布置。

【中点】:在墙体的中点位置完成布置。

【跺宽定距】:在距离墙体跺宽数值的位置完成布置。

### 2. 洞口形式

洞口可以选择【矩形】【圆形】【自由绘制】形式,如图 11-3 所示。

图 11-2　洞口位置布置方式　　　　图 11-3　洞口形式

【矩形】:按照属性面板的数值,放置矩形洞口。

【圆形】:按照属性面板的数值,放置圆形洞口。

【自由绘制】:可以任意绘制洞口的形状。

**3. 模数**

通过模数可确定多个洞口的形状、位置和大小。

【模数】:任意布置洞口时,洞口的大小受到模数的约束限制。

# 11.2 洞口属性信息

可以通过洞口属性面板对洞口的属性进行编辑(图 11-4)。

**图 11-4 洞口属性面板**

【洞口类型】:矩形洞口、圆形洞口、自由绘制的洞口。

【洞口编号】:洞口在平面图中显示的编号。

【洞口宽度】:洞口的宽度。

【洞口高度】:洞口的高度。

【底部偏移】:洞口底端距楼层的偏移值。

【开洞方式】:贯穿洞口(贯穿整个构件)、半槽洞口(非贯穿整个构件)。

【洞口深度】:选择半槽洞口时,洞口的深度。

【链接到构件】:洞口与构件关联时,删除构件则删除洞口;洞口与构件不关联时,则删除构件,洞口仍然保留。

【符号化表达】:楼板洞口可以指定是否包括平面化的洞口符号表达,如图11-5所示。

### 1. 快捷键

创建洞口时,可单击快捷键 Z 键实现洞口定位点切换。

单击洞口的夹点,可以选择激活编辑面板对应的功能图标,利用鼠标将洞口拖曳到目标位置进行编辑,单击鼠标左键完成操作。

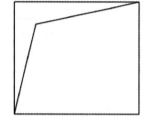

图 11-5 符号化表达

### 2. 洞口属性面板

在弹出的洞口属性面板中,可以对构件的属性信息进行修改。修改时先选中需要修改的洞口,单击洞口的夹点(边界角点、中心点),鼠标附近会弹出洞口编辑面板(图11-6)。该面板除显示通用编辑命令之外,还会显示【移动夹点】【拉伸】【缩放】等。

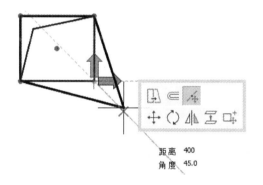

距离 400
角度 45.0

图 11-6 洞口编辑面板

【移动夹点】:单击洞口边界角点,用鼠标可以拖曳此夹点的位置。

【拉伸】:单击边线、夹点时,可拉伸两个方向的边线,如图11-7所示。

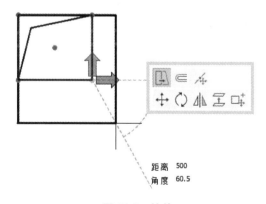

距离 500
角度 60.5

图 11-7 拉伸

【缩放】：单击边线、夹点时，可向四个方向缩放洞口的边线，如图 11-8 所示。

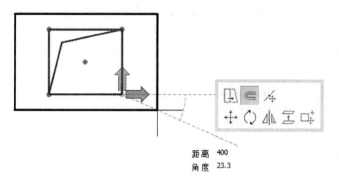

图 11-8　缩放

# 12 房 间

## 12.1 创 建 房 间

**1. 房间布置**

（1）单击激活菜单栏中的【房间布置】，如图 12-1 所示。在房间布置属性面板中，选择房间的边界位置进行房间布置（图 12-2）。

**图 12-1 菜单栏中的房间布置**

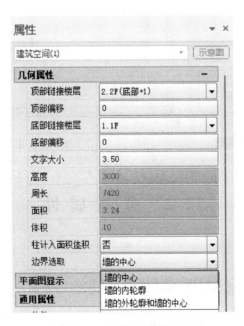

**图 12-2 房间布置属性面板**

（2）在抬头工具栏中选择【手动布置】【自动布置】【框选布置】。【手动布置】和【自动布置】可通过鼠标左键单击空白处直接创建房间，【框选布置】就是框选要布置的范围，在范围内生成房间。布置之前，可以选择默认的房间名称（图 12-3）。

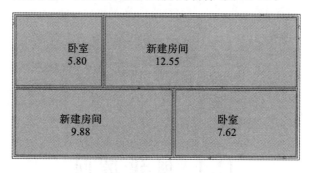

**图 12-3　默认的房间名称**

**2. 房间分割**

单击【房间分割】，可对已布置的房间进行手动分割。在房间分割抬头工具栏中，可选择【多边形绘制】和【矩形绘制】（图 12-4）。绘制需要的房间轮廓，要求闭合轮廓。单击鼠标右键完成创建，软件将自动进行切割，生成新房间（图 12-5）。

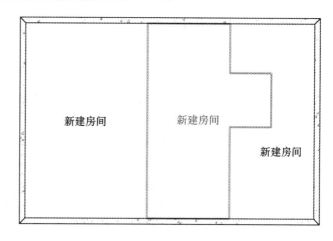

**图 12-4　房间分割抬头工具栏**　　　　　　　**图 12-5　生成新房间**

# 12.2　房　间　属　性

**1. 区域划分**

单击【区域划分】，绘制不同的分区（绘制方法同房间分割）。

**2. 房间设置**

单击【房间设置】，弹出房间设置面板（图 12-6）。可对不同房间进行颜色和填充样式的设置。

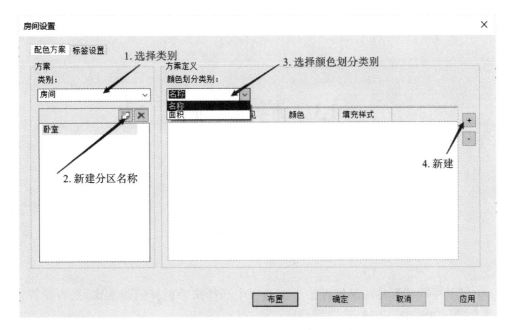

图 12-6　房间设置面板

### 3. 编辑房间

双击已布置的房间名称,可进入在位编辑状态(图 12-7)。单击房间的边线,弹出房间边线编辑面板(图 12-8)。在房间边线编辑面板中,除通用的编辑命令外,还有【偏移单边】【偏移所有边】【轮廓编辑】【合并房间】【文字高度】。

图 12-7　在位编辑状态　　　　　　　　　图 12-8　房间边线编辑面板

【偏移单边】:可对所选的边线进行偏移。

【偏移所有边】:可对房间所有边线进行偏移。

【轮廓编辑】:可修改房间轮廓。

【合并房间】:可以合并多个相接的房间。

【文字高度】:修改房间名称的文字高度。

# 13 栏 杆

## 13.1 创建栏杆

单击【扶手栏杆】,在扶手栏杆抬头工具栏中选择扶手栏杆创建方式、是否设置主立柱、参考线等功能(图 13-1)。

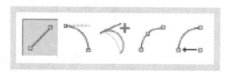

**图 13-1 扶手栏杆抬头工具栏**

**1. 扶手栏杆创建方式**

扶手栏杆创建方式可以选【自由绘制】和【拾取生成】两种。

【自由绘制】:能够自由绘制任意路径的栏杆,支持弹出式绘制面板辅助绘制任意路径,如图 13-2 所示。

**图 13-2 弹出式绘制面板**

【拾取生成】:能够拾取台阶、坡道自动生成栏杆。

**2. 快捷键**

在绘制栏杆的过程中,通过单击快捷键 Z 键可以实现参考线快速切换。

## 13.2 编 辑 栏 杆

**1. 夹点编辑**

选中需要修改的栏杆后,单击栏杆的夹点,鼠标附近会显示夹点编辑面板(图 13-3)。

该面板除显示通用编辑命令外,还会显示【移动夹点】【倒角】等功能。

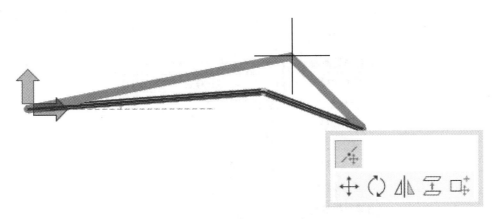

图 13-3　夹点编辑面板

【移动夹点】:可随意拖曳此夹点,改变栏杆的路径。

【倒角】:对所选的角进行倒角操作。

**2. 边线编辑**

选中需要修改的栏杆后,单击栏杆的参考线,鼠标附近显示边线编辑面板(图 13-4)。该面板除显示通用编辑命令之外,还显示【插入新节点】【曲边】【使用切线编辑线段】等功能。

图 13-4　边线编辑面板

【插入新节点】:在此边线上增加一个新的节点。

【曲边】:让楼板的边线跟随鼠标拖曳的位置,变为有弧度的边线。

【使用切线编辑线段】:让栏杆的边线跟随鼠标控制的切线方向,变为有弧度的边线。

**3. 栏杆样式**

在栏杆属性面板中设置栏杆样式,可以实现对栏杆样式的修改和编辑,如图 13-5 所示。通过栏杆属性面板可以进行栏杆单元设置,如图 13-6 所示。

通过栏杆属性面板还可以进行栏杆单元立柱设置,如图 13-7 所示。

**4. 栏杆嵌板**

栏杆嵌板有杆式和板式两种样式。若为杆式栏杆,顶部横杆、底部横杆、竖向柱这三个参数可以分别设置;若为板式栏杆,则只需要设置面板,如图 13-8 所示。

栏杆单元嵌板设置与预览见图 13-9,面板设置见图 13-10。

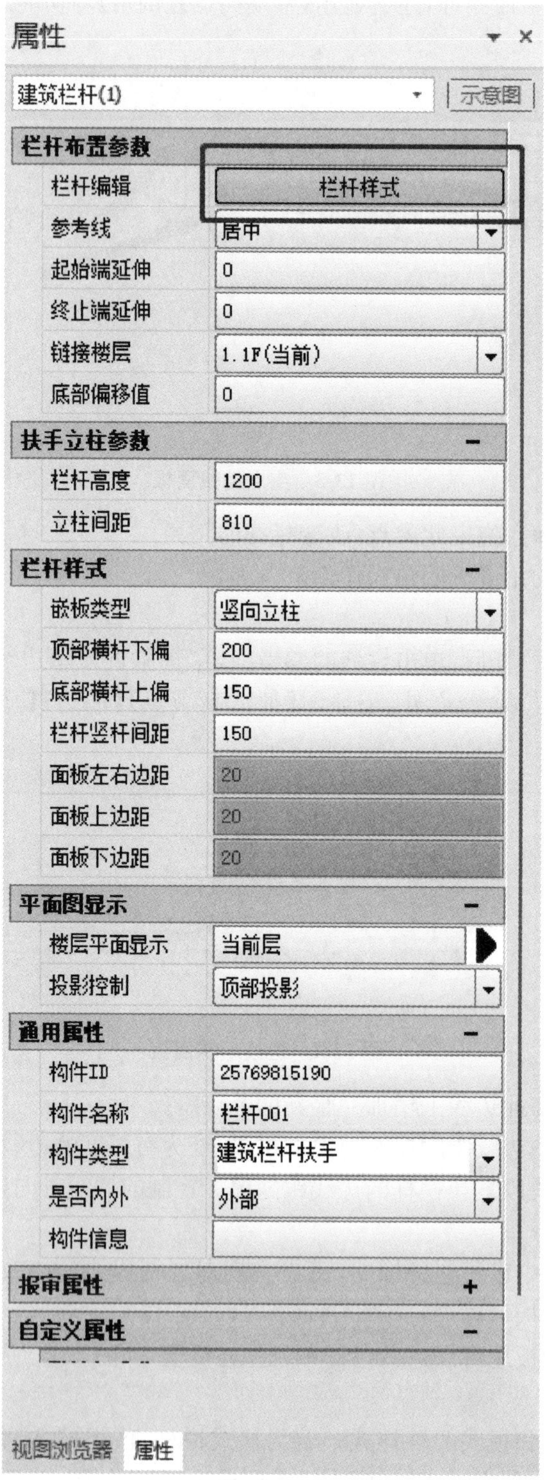

属性 ▾ ×

建筑栏杆(1) ▾ | 示意图

**栏杆布置参数**

| 栏杆编辑 | 栏杆样式 |
|---|---|
| 参考线 | 居中 ▾ |
| 起始端延伸 | 0 |
| 终止端延伸 | 0 |
| 链接楼层 | 1.1F(当前) ▾ |
| 底部偏移值 | 0 |

**扶手立柱参数** −

| 栏杆高度 | 1200 |
|---|---|
| 立柱间距 | 810 |

**栏杆样式** −

| 嵌板类型 | 竖向立柱 ▾ |
|---|---|
| 顶部横杆下偏 | 200 |
| 底部横杆上偏 | 150 |
| 栏杆竖杆间距 | 150 |
| 面板左右边距 | 20 |
| 面板上边距 | 20 |
| 面板下边距 | 20 |

**平面图显示** −

| 楼层平面显示 | 当前层 ▶ |
|---|---|
| 投影控制 | 顶部投影 ▾ |

**通用属性** −

| 构件ID | 25769815190 |
|---|---|
| 构件名称 | 栏杆001 |
| 构件类型 | 建筑栏杆扶手 ▾ |
| 是否内外 | 外部 ▾ |
| 构件信息 | |

**报审属性** +

**自定义属性** −

视图浏览器　属性

图 13-5　栏杆属性面板

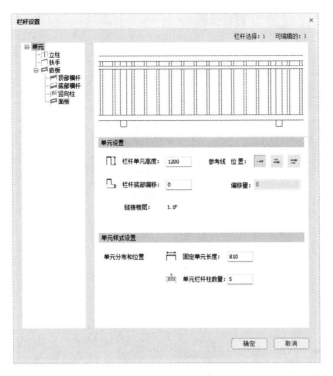

图 13-6　栏杆单元设置

图 13-7　栏杆单元立柱设置

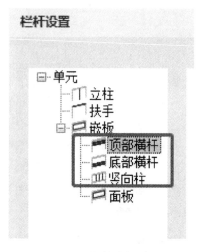

图 13-8　栏杆嵌板设置

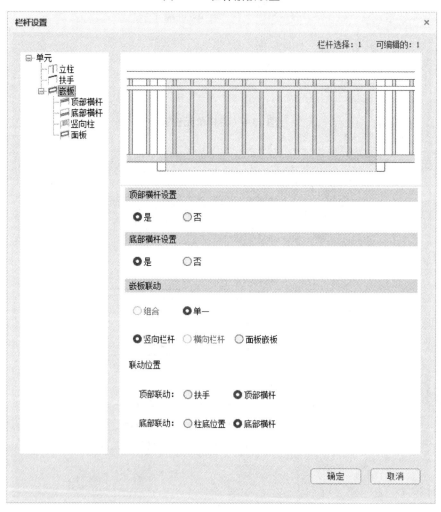

图 13-9　栏杆单元嵌板设置与预览

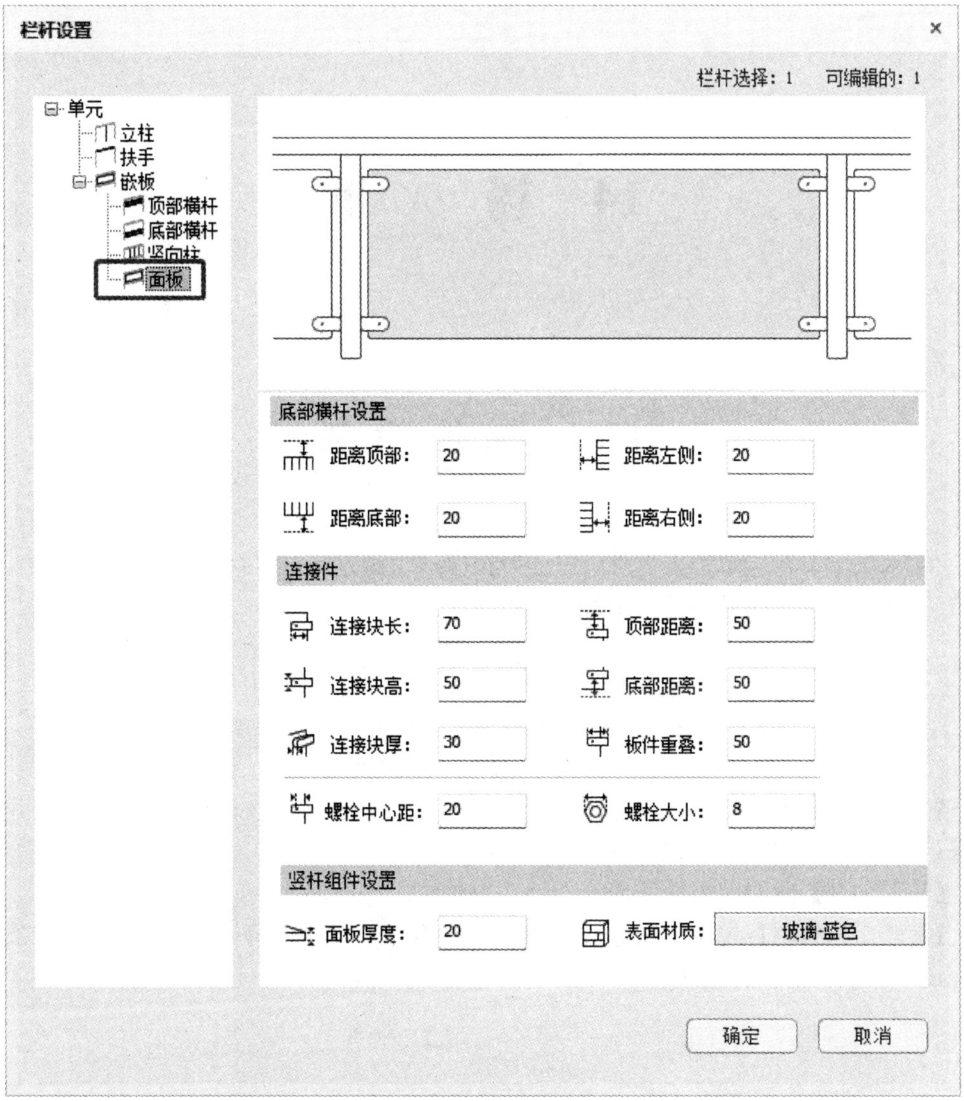

栏杆设置 ✕

栏杆选择：1　可编辑的：1

- 单元
  - 立柱
  - 扶手
  - 嵌板
    - 顶部横杆
    - 底部横杆
    - 竖向柱
    - **面板**

**底部横杆设置**

| 距离顶部： | 20 | 距离左侧： | 20 |
| 距离底部： | 20 | 距离右侧： | 20 |

**连接件**

| 连接块长： | 70 | 顶部距离： | 50 |
| 连接块高： | 50 | 底部距离： | 50 |
| 连接块厚： | 30 | 板件重叠： | 50 |
| 螺栓中心距： | 20 | 螺栓大小： | 8 |

**竖杆组件设置**

| 面板厚度： | 20 | 表面材质： | 玻璃-蓝色 |

确定　取消

图 13-10　面板设置

# 14 场　　地

## 14.1 场 地 绘 制

单击【场地】,在场地抬头工具栏中选择相应的绘制方式,进行场地绘制(图 14-1)。绘制方式有【多边形绘制】【矩形绘制】【旋转矩形绘制】。

**图 14-1　场地抬头工具栏**

【多边形绘制】:可绘制任意轮廓形状的场地(单击鼠标右键、回车键或空格键都能让线条的终止点与场地绘制的起始点自动闭合)。

【矩形绘制】:能绘制矩形场地。

【旋转矩形绘制】:先绘制场地的一条边,确认旋转角度和一条边长,再绘制另一条边,就完成一个旋转矩形场地的绘制,如图 14-2 所示。

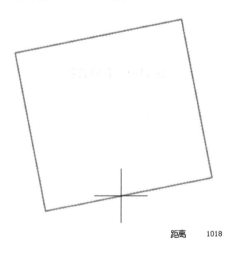

距离　　1018

**图 14-2　旋转矩形绘制**

# 14.2　场地属性

单击【场地】,弹出场地属性面板(图 14-3)。

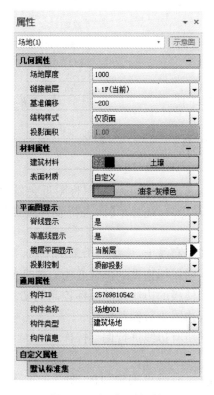

图 14-3　场地属性面板

场地属性面板具有如下功能。

【链接楼层】:构件所属当前楼层。

【基准偏移】:向上或向下移动,改变底端的高度位置(负数向下,正数向上)。

【场地厚度】:场地的厚度值。

【结构样式】:分为仅顶面、带裙带、实体。

【脊线显示】:控制场地中脊线的显示或隐藏。

【等高线显示】:控制场地中等高线的显示或隐藏。

**1. 编辑场地**

单击场地的夹点或边线,选择激活编辑面板对应的功能图标,将鼠标移动到目标位置进行编辑操作,单击左键完成编辑操作。

**2. 弹出式编辑面板功能**

【夹点编辑】:选中需要修改的场地后,单击场地轮廓的夹点或等高线上的夹点,鼠标附近会显示夹点编辑面板(图 14-4)。该面板除显示通用编辑命令外,还显示【移动夹点】【提升地形点】。

【移动夹点】:拖曳夹点,改变地形的轮廓。

【提升地形点】:提升(输入正值)或降低(输入负值)此地形点或所选等高线的高度,可勾选【应用到所有】(图 14-5)。

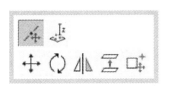

图 14-4　夹点编辑面板

图 14-5　提升地形点

**3. 场地边线编辑**

选中需要修改的场地后,单击场地的边线,鼠标附近会显示场地边线编辑面板(图 14-6)。该面板除显示通用编辑命令外,还显示【插入新节点】【曲边】【使用切线编辑线段】【偏移边】【偏移所有边】等功能。

【插入新节点】:在边线或等高线上,增加一个新的节点。

【曲边】:让楼板的边线跟随鼠标拖曳的位置变为有弧度的边线。

【使用切线编辑线段】:让楼板的边线跟随鼠标控制的切线方向变为有弧度的边线。

【偏移边】:对所选的楼板边线进行偏移操作。

【偏移所有边】:对楼板的所有边线进行偏移操作。

**4. 场地面编辑**

在二维视图下单击场地的面,弹出编辑面板,激活拾取等高线功能,选择预先画好的等高线,再拾取等高线,如图 14-7 所示。

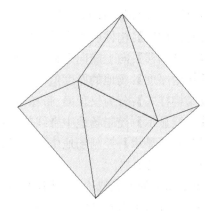

图 14-6　场地边线编辑面板

图 14-7　拾取等高线

# 14.3　用地控制线

单击【用地控制线】(图14-8),在用地控制线抬头工具栏中选择相应的绘制方式。拾取视图中的二维线条(包括参照底图和用户在模型中创建的二维线条)创建用地控制线(图14-9)。软件目前只支持拾取创建的方式。

**图 14-8　用地控制线**

**1. 编辑用地控制线**

通过用地控制线属性面板,对用地控制线的颜色、线型、线宽等参数进行修改,软件会根据用地控制线自动计算长度和面积,如图14-10所示。

**2. 用地控制线编辑面板**

单击用地控制线夹点,弹出用地控制线编辑面板,可以对夹点进行【移动夹点】和【倒角】的编辑,如图14-11所示。

**图 14-9　创建用地控制线**

**图 14-10　用地控制线属性面板**

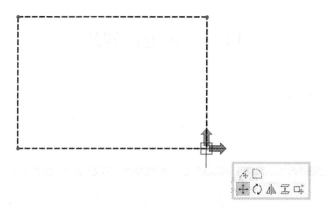

图 14-11　用地控制线编辑面板

选择用地控制线边线,弹出用地控制线边线编辑面板,可以对用地控制线的边线进行【插入新节点】【曲边】【使用切线编辑线段】【偏移边】【偏移所有边】等操作。

# 15 常用设置集

## 15.1 界　　面

常用设置集默认在软件左下角，可以从界面显示设置面板中调出（图 15-1）。常用设置集工具栏五个按钮从左到右依次是【收藏】【新建收藏项】【复制收藏】【删除收藏】【应

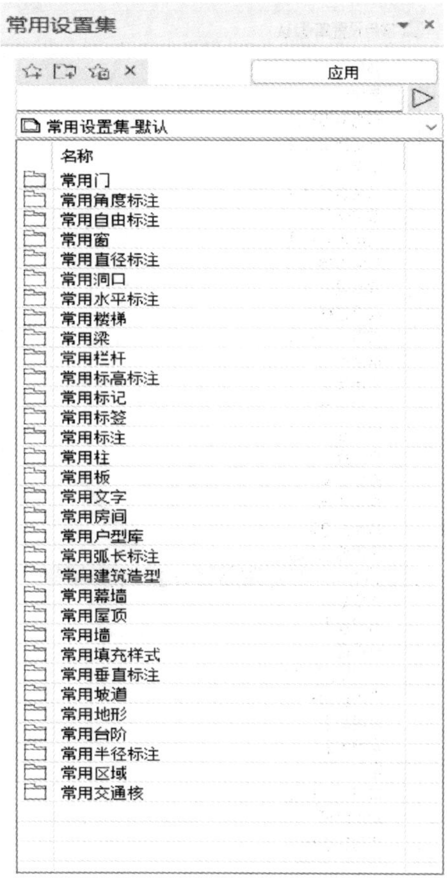

**图 15-1　常用设置集界面**

用】。双击【文件夹】可以查看文件夹中的构件。单击【收藏夹】菜单栏,可以选择要查看的文件夹或回到首页。

### 1. 新建文件夹

单击【新建收藏项】(图 15-2),输入新建收藏项的名称,单击【确定】完成新建收藏项(图 15-3、图 15-4)。

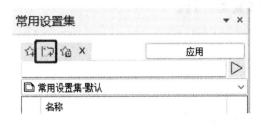

图 15-2　新建收藏项

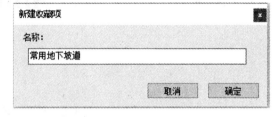

图 15-3　输入新建收藏项的名称

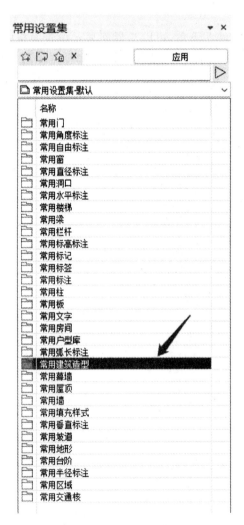

图 15-4　完成新建收藏项

为了防止误删文件,文件夹不能删除。

**2. 收藏功能**

选中对应构件功能或在软件中选择绘制完成的构件,本节以门为例(图15-5)。在模型中选中要收藏的门,调整门属性(图15-6),在常用设置集选中要收入的文件夹,如常用门(图15-7)。单击左上角的【收藏】并进行命名(图15-8、图15-9)。单击【确定】,收藏完成(图15-10)。

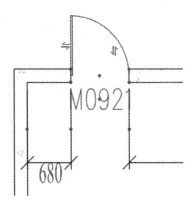

**图15-5　创建门构件**

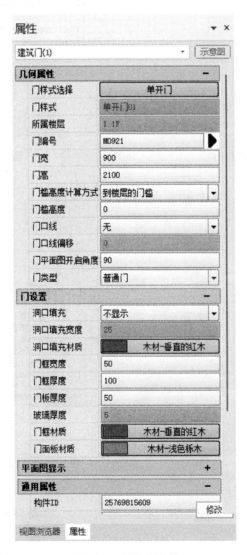

**图15-6　调整门属性**

图 15-7　常用门

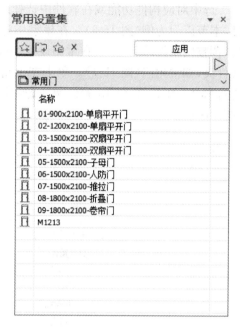

图 15-8　收藏

图 15-9　新建收藏项命名

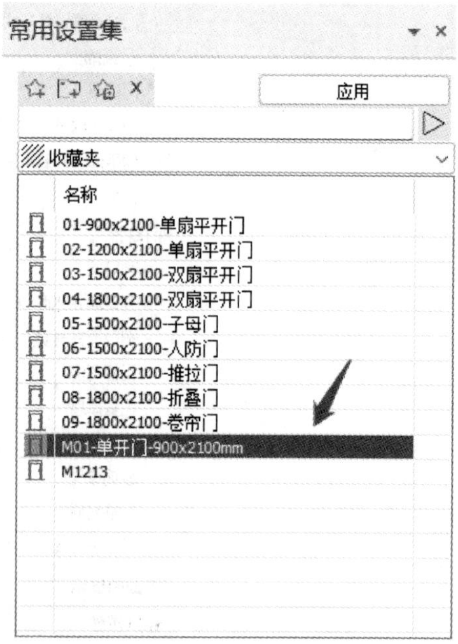

图 15-10　收藏完成

# 15.2　应 用 功 能

**1. 布置收藏夹中的构件**

双击收藏夹中的构件,单击上面的【应用】(图15-11),菜单栏会自动切换到该构件选中状态,就可以在模型视图中进行布置了。

**图 15-11　布置收藏夹中的构件**

**2. 复制**

选择收藏夹中的构件,单击鼠标右键弹出面板,选择【复制】(图15-12)。复制完成后的构件名称变更如图15-13所示。

**3. 删除**

选择收藏夹中的构件,单击鼠标右键弹出面板,单击【删除】(图15-14)。

**4. 重命名**

选择收藏夹中的构件,单击鼠标右键弹出面板。单击【重命名】(图15-15),弹出重命名窗口(图15-16),进行重命名。单击【确定】,重命名完成(图15-17)。

**5. 重定义**

双击收藏夹中的构件或者选中构件,单击【应用】进入构件布置模式。修改构件属性,例如将门宽由900修改为1200(图15-18)。

在常用设置集中,单击选中构件,单击鼠标右键弹出面板,单击【重定义】(图15-19),即完成重定义。

BIMBase 应用技术基础

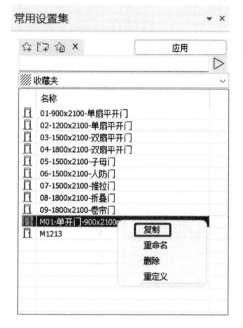

图 15-12　复制

图 15-13　复制完成后的构件名称变更

图 15-14　删除

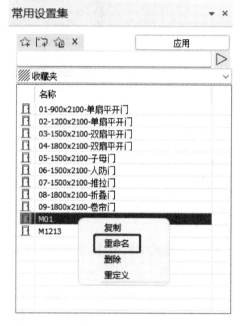

图 15-15　重命名

用同样的方法，可以对收藏夹中的构件进行重定义。

**6. 属性赋予**

选中需要赋予收藏夹构件属性的构件，支持多选后统一赋予。本节以门为例，选中要被赋予属性的门，双击收藏夹中需要进行属性赋予的构件，如图 15-20、图 15-21 所示。

84

图 15-17

图 15-16 重命名窗口

图 15-17 重命名完成

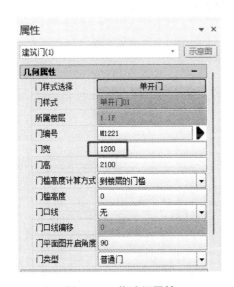

图 15-18 修改门属性

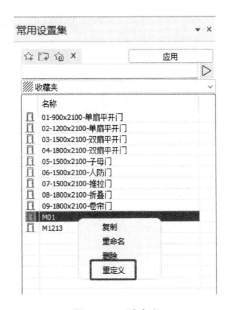

图 15-19 重定义

### 7. 清单工具

软件提供默认的清单包括建筑面积统计清单、门窗统计表、房间统计清单、墙构件统计清单、门构件统计清单、窗构件统计清单。双击清单列表或浏览器中列表,可以打开默认的清单。门窗统计表如图 15-22 所示,清单列表如图 15-23 所示。

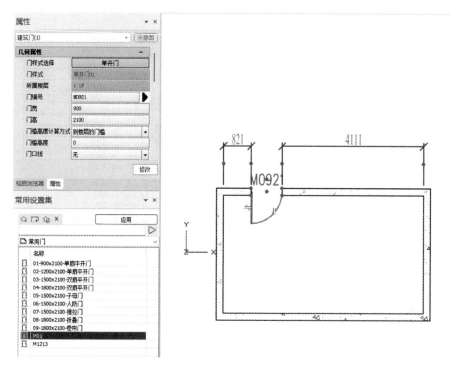

图 15-20　属性赋予 1

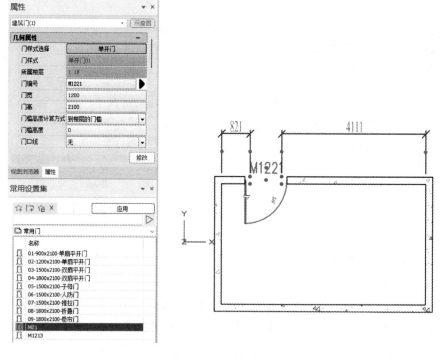

图 15-21　属性赋予 2

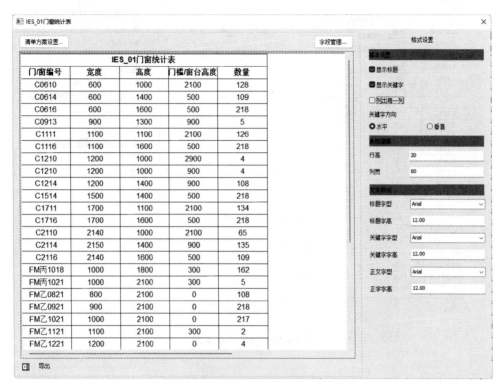

**图 15-22　门窗统计表**

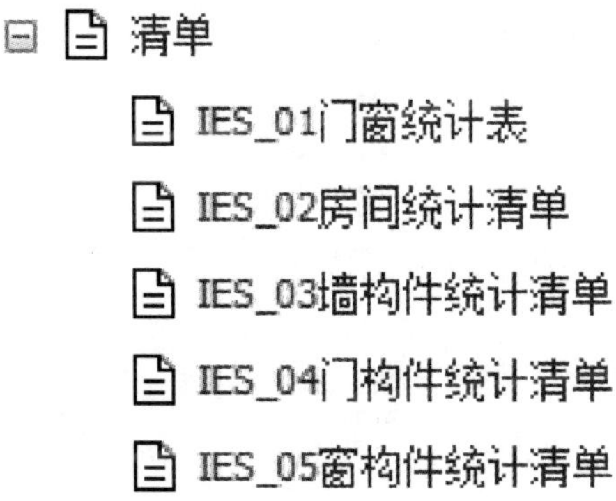

□ 📄 清单

📄 IES_01门窗统计表

📄 IES_02房间统计清单

📄 IES_03墙构件统计清单

📄 IES_04门构件统计清单

📄 IES_05窗构件统计清单

**图 15-23　清单列表**

软件提供默认的清单支持自定义修改,可对要统计的构件字段进行选择,如图 15-24 所示。

清单配置也支持用户自定义创建或导入、导出,如图 15-25 所示。

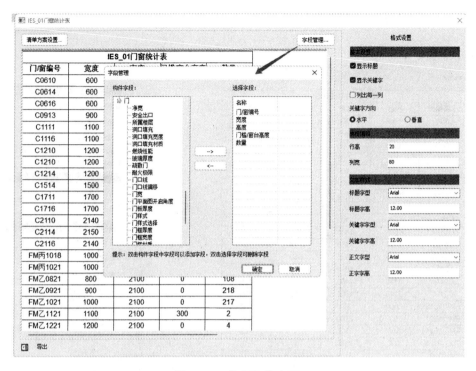

图 15-24　选择构件字段

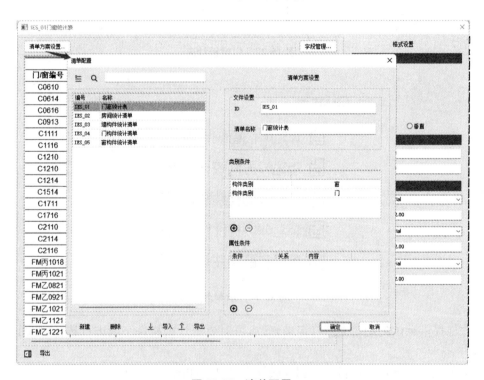

图 15-25　清单配置

# 16 立 面 图

## 16.1 创建立面图

在视图中,单击【立面图】(图 16-1),可使用【矩形创建】或【直线创建】两种方式创建立面图。

【矩形创建】:左键框选要创建立面图的范围即可生成东、南、西、北四个立面图,如图 16-2 所示。

【直线创建】:单击要创建立面图的直线范围,再单击选择创建方向,即可生成单个立面图,如图 16-3 所示。

图 16-1  立面图

视图浏览器中的立面图与绘图区中的立面符号直接关联。每当在模型的平面视图上用立面图工具创建一个立面图时,视图浏览器中就会有一个立面图(图 16-4)。

**1. 立面图编辑**

【切换立面图】:双击立面图名称如北立面图,则当前工作区视图切换到北立面图,如图 16-5 所示。

双击平面上的立面标记符号,当前视图会自动切换到立面符号关联的立面图。

**2. 立面图视图操作**

单击要操作的剖面视图名称,单击鼠标右键弹出如图 16-6 所示的面板。

【打开立面图】:打开当前选中的立面图。

【刷新立面图】:刷新当前选中的立面图。

【创建立面图】:创建新的立面图,即激活立面图工具。

【复制视图】:复制当前选中的立面图。

【复制视图(批量)】:复制当前选中的多个立面图。

【重命名立面图】:重命名当前立面图。

【删除立面图】:删除当前选中的立面图。

【生成图纸】:跳转到生成图纸界面。

【新建视口】:创建当前选中的立面图新视口。

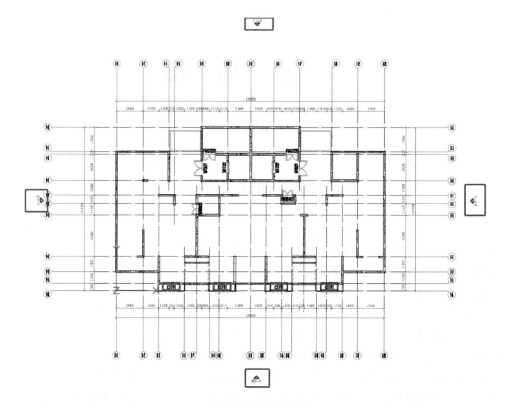

图 16-2　矩形创建

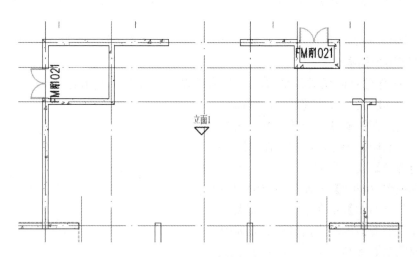

图 16-3　直线创建

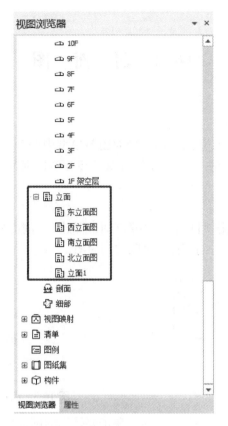

**图 16-4 视图浏览器中的立面图**

北立面图

**图 16-5 切换立面图**

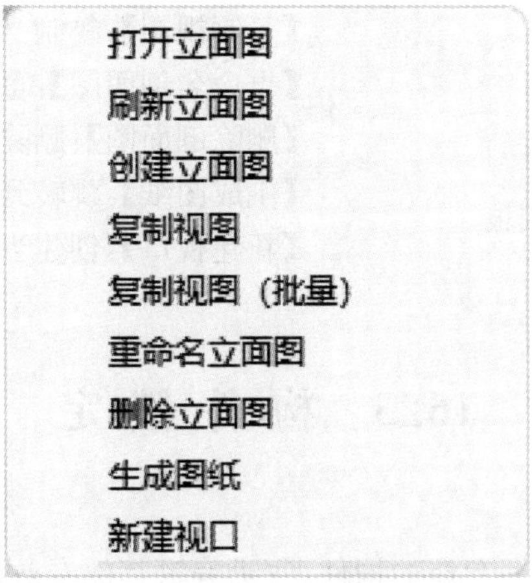

打开立面图

刷新立面图

创建立面图

复制视图

复制视图（批量）

重命名立面图

删除立面图

生成图纸

新建视口

**图 16-6 立面图视图操作面板**

# 16.2 剖 面 图

**1. 剖面图创建与关联**

可以在项目浏览器中打开剖面图。剖面图与模型中的剖面标记是关联的,每当在模型视图中用剖面图工具创建一个剖面图(图 16-7)时,项目浏览器中将会增加一个剖面标记条目。

**2. 剖面图编辑**

【切换剖面视图】:双击项目浏览器中【剖面】下级【1-1 剖面】(图 16-8),双击平面视图中的剖面标记会自动打开与剖面符号关联的剖面图。

图 16-7　剖面图

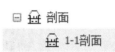

图 16-8　项目浏览器中的 1-1 剖面

单击要操作的剖面图名称,单击鼠标右键弹出剖面图编辑面板,如图 16-9 所示。

【打开剖面图】:打开当前选中的剖面图。

【刷新剖面图】:刷新当前选中的剖面图。

【创建剖面图】:创建新的剖面图,即激活剖面图工具。

【复制视图】:复制当前选中的剖面图。

【重命名剖面图】:重命名当前选中的剖面图。

【删除剖面图】:删除当前选中的剖面图。

【生成图纸】:跳转到生成图纸界面。

【新建视口】:创建当前选中的剖面图新视口。

图 16-9　剖面图编辑面板

# 16.3 构 件 锁 定

【构件锁定】:可锁定某一专业的构件,便于编辑其他专业构件。先单击【构件锁定】,弹出如图 16-10 所示的窗口,勾选复选框可实现按专业锁定构件。

**1. 重叠处理**

重叠处理可检查建筑中重叠的构件,并在视图中高亮显示。首先单击【重叠处理】,弹出如图 16-11 所示的窗口。构件类型会显示当前模型所有构件类型,可单击文本框输入误差。单击【开始检查】后,检查结果中会显示重叠处理的结果。

图 16-10　构件锁定

图 16-11　重叠处理

单击【高亮构件】可将选中的重叠构件高亮。单击【删除构件】可将选中的重叠构件删除。

**2. 移动、复制、旋转**

【移动】:在指定方向上按指定距离移动对象,对象可在 $X$、$Y$、$Z$ 三个方向上移动。

先选中要移动的构件,单击【移动】,单击鼠标左键指定要移动的起点,再次单击鼠标左键指定终点,可以对选中的构件进行移动。

单击【移动】,选择要移动的构件,单击鼠标右键结束选择构件,单击鼠标左键指定要移动的起点,再次单击鼠标左键指定终点,也可以实现对选中构件的移动。

【复制】:使用复制工具可以创建对象副本,并将副本移动到指定位置。可以多次重复操作。

选中要复制的构件,单击【复制】,单击鼠标左键指定起点,再次单击鼠标左键指定终点,可以对选中的构件进行复制。

单击【复制】,选择要移动的构件,单击鼠标右键结束选择构件,单击鼠标左键指定起点,再次单击鼠标左键指定终点,可以对选中的构件进行复制。

【旋转】:围绕一个基点,将选定的对象旋转至指定的角度。

先选中要旋转的构件,单击【旋转】,在旋转抬头工具栏中选择是否保留原件(图 16-12)。单击鼠标左键指定旋转的第一个点,再次单击鼠标左键指定旋转的第二个点,第三次单击鼠标左键指定要旋转的角度(此时也可以双击 Tab 键,在追踪器中直接输入要旋转的角度),可以对选中的构件进行旋转。

单击【旋转】,在旋转抬头工具栏中选择是否保留原件,选择要旋转的构件,单击鼠标右键结束选择构件,单击鼠标左键指定旋转的第一个点,再次单击鼠标左键指定旋转的第二个点,第三次单击鼠标左键指定要旋转的角度,也可以对选中的构件进行旋转。如果选择了保留原件,则旋转后原构件仍在旋转前的位置;如果选择了不保留原件,则旋转后原构件被删除。

**3. 镜像**

使用镜像可以绕指定对称轴翻转对象,创建对称的镜像图像。

先选中要镜像的构件,单击【镜像】,在镜像抬头工具栏中选择是否保留原件(图16-13),单击鼠标左键指定对称轴的第一个点,再次单击鼠标左键指定对称轴的第二个点,可以对选中的构件进行镜像。单击【镜像】,在镜像抬头工具栏中选择是否保留原件,选择要镜像的构件,单击鼠标左键指定对称轴的第一个点,再次单击鼠标左键指定对称轴的第二个点,也可以对选中的构件进行镜像。如果选择了保留原件,则镜像后原构件仍在原位置;如果选择了不保留原件,则镜像后原构件被删除。

图 16-12 旋转抬头工具栏          图 16-13 镜像抬头工具栏

# 16.4 阵 列

使用阵列可以将指定对象按不同阵列形式复制。

操作步骤是先单击【阵列】,弹出阵列抬头工具栏(图 16-14)。阵列的绘制方式有三种:【线性阵列】【矩形阵列】【扇形阵列】。可选择相应绘制方式以及输入相关参数进行操作。

图 16-14 阵列抬头工具栏

【线性阵列】:在【个数】文本框中输入个数,单击拾取要阵列的构件,单击鼠标右键结束拾取,单击鼠标左键确定阵列起点,再次单击鼠标左键确定阵列终点,完成阵列。

【矩形阵列】:矩形阵列抬头工具栏如图 16-15 所示。分别在【行数】及【列数】中输入个数,在【行距】及【列距】中分别输入距离,如果需要旋转角度,则勾选【旋转角】的复选框,再在文本框中输入角度值。设置好后,单击鼠标左键拾取要阵列的构件,单击鼠标右键结束拾取,再次单击鼠标左键确认放置构件,完成阵列。

【扇形阵列】:扇形阵列抬头工具栏如图 16-16 所示。如果需要旋转角度,则勾选【旋转角】后的复选框,再在文本框中输入角度值。数值设置好后,单击鼠标左键拾取要阵列

**图 16-15  矩形阵列抬头工具栏**

的构件,单击鼠标右键结束拾取,再次单击鼠标左键确定基点,第三次单击鼠标左键确定
控制点,第四次单击鼠标左键确定摆放,阵列完成。

**图 16-16  扇形阵列抬头工具栏**

# 16.5  对齐、倒角、偏移

【对齐】:使用对齐可以将构件与参考对象(线或者构件)对齐。单击【对齐】,单击鼠标
左键确定要对齐的对象(线或者构件),再次单击鼠标左键选择要对齐的物体,单击鼠标右
键结束对齐。

【倒角】:以两条相交直线为切线在相交处画弧,使两条线倒角。操作时先单击【倒
角】,弹出倒角抬头工具栏(图 16-17),有倒直角、倒圆角、倒斜角三种倒角方式。

**图 16-17  倒角抬头工具栏**

【倒直角】:选择【倒直角】,单击鼠标左键拾取第一个构件,再次单击鼠标左键确定第
二个构件,完成直角倒角设置。

【倒圆角】:选择【倒圆角】,先在【半径】文本框中输入数值,单击鼠标左键拾取第一个
构件,再次单击鼠标左键确定第二个构件,完成倒圆角设置。

【倒斜角】:选择【倒斜角】,先在【距离】文本框中输入数值,单击鼠标左键拾取第一个
构件,再次单击鼠标左键确定第二个构件,完成倒斜角设置。

【偏移】:等比例偏移一个图形的所有边。单击【偏移】,弹出偏移抬头工具栏(图
16-18)。如果保留原构件,则勾选【复制】复选框;如果要删除原构件,则不勾选。

**图 16-18  偏移抬头工具栏**

在偏移抬头工具栏中选择【按图形】,再单击鼠标左键拾取构件,单击鼠标右键结束拾
取,再次单击鼠标左键确定偏移起点,最后单击鼠标左键确定偏移终点,完成按图形偏移
构件设置。选择【按数值】时,先在文本框中输入要偏移的距离,单击鼠标左键拾取构件,
再次单击鼠标左键确定要偏移的位置,完成按数值偏移构件的设置。

## 16.6 调整、修剪/延伸、打断

【调整】:选择参考物后对其他线性构件进行修剪和延伸。先选择【调整】,单击鼠标左键选择参考,单击鼠标右键确定。再次单击鼠标左键选择要修剪或延伸的构件,可自动进行修剪或延伸。

【修剪/延伸】:使用修剪可以处理构件多余的部分,使用延伸可以使线性构件相交。选择【修剪/延伸】命令,单击鼠标左键拾取参照,单击鼠标右键结束拾取,再次单击鼠标左键选择要修剪/延伸的部分,完成构件修剪/延伸的设置。

【打断】:可以打断一小段距离,也可以打断一个点。操作时先选择【打断】,单击鼠标左键指定要打断的第一个点,再次单击鼠标左键指定要打断的第二个点,单击鼠标右键结束打断。或者,单击鼠标左键指定要打断的第一个点,再单击鼠标右键可直接在第一个点处打断。

## 16.7 删 除

使用删除可以删除选定的对象。先选择【删除】,单击鼠标左键拾取构件,该构件被删除,单击鼠标右键结束删除。或者,选中构件,再选择【删除】,该构件被删除,单击鼠标右键结束删除。

**1. 附着、删除附着**

使用附着可以将墙体延伸到屋面(或板),并按屋面轮廓(或板轮廓)进行切割。先选择【附着】,弹出附着抬头工具栏(图 16-19),可选择顶部附着或底部附着。单击鼠标左键选择屋顶(或板),单击鼠标右键确认,再次单击鼠标左键选择要与屋顶(或板)吸附的墙(或柱),单击鼠标右键结束。

**图 16-19 附着抬头工具栏**

使用删除附着可以删除墙体(或柱)与屋面(或板)的附着关系。先选择【删除附着】,单击鼠标左键选择已吸附的墙(或柱),单击鼠标右键确认,再次单击鼠标左键选择要与墙(或柱)取消附着关系的屋顶(或板),单击鼠标右键结束。

**2. 剪切**

剪切可对幕墙和门窗构件在墙体上进行裁剪。操作时先单击【剪切】,单击鼠标左键选择需要被剪切的墙体,单击鼠标右键确定,再单击鼠标左键选择剪切墙体的幕墙或门窗,墙体自动被剪切。

**3. 端部裁剪**

端部裁剪可以对已绘制的墙体端部进行逐个修改。先单击【端部裁剪】,弹出端部裁剪抬头工具栏(图 16-20)。鼠标悬浮在墙交接点会实时显示蓝色圆圈标记,方便明确墙交接点位置(图 16-21)。单击鼠标左键选择需要调整连接方式的墙交界点。选择好交接点后,在端部裁剪抬头工具栏中依据功能层选择连接方式,墙体连接方式会实时变更。单击鼠标右键完成操作。

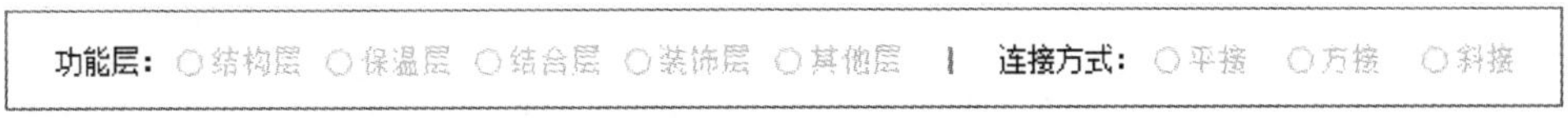

功能层:○结构层 ○保温层 ○结合层 ○装饰层 ○其他层 ┃ 连接方式:○平接 ○方接 ○斜接

**图 16-20　端部裁剪抬头工具栏**

**图 16-21　蓝色圆圈标记**

端部裁剪仅支持二维视图或三维视图下的上视图。

## 16.8　组合、暂停组、开始组、解组

【组合】:可以将多个构件定义为一个整体,方便对多个构件进行编辑操作。【组合】可以与【开始组】【暂停组】【解组】功能配合使用,组合后需要单击【开启组】,使组合为激活状态。

运行时单击【组合】,会弹出组合窗口(图 16-22)。

此时可以单击选择多个构件,选择完成后,单击【确定】,完成组合的创建。

**图 16-22　组合窗口**

【暂停组】:【暂停组】与【开始组】为互斥按钮。当单击【暂停组】时,所有组合会临时解组。项目中所有成组构件,均恢复成单一构件状态。

【开始组】:【开始组】与【暂停组】为互斥按钮。当单击【开始组】时,所有组合为激活状态。项目中被暂停组的构件重新成为组合状态。

【解组】:单击【解组】时,可以将已定义的组合拆开,此时再次单击【开始组】,将不会恢复组合状态。运行时单击选中的组合,再单击【解组】,则被选中的组合被解组,取消组合关系。

## 16.9　块定义、块分解、块编辑、块管理

【块定义】:通过块定义(图 16-23、图 16-24),将多个构件定义为一个整体。使用块编

辑对块进行修改后,所有相同的块会自动更新,而且一旦定义后,可以在项目中重复引用。运行时先单击【块定义】,或单击选中多个构件,再单击【块定义】,会弹出块定义窗口。

**图 16-23 块定义 1**

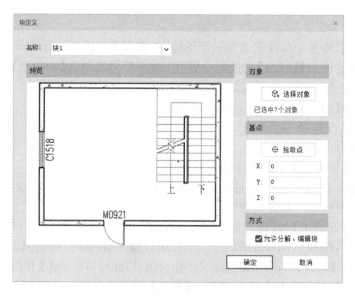

**图 16-24 块定义 2**

块定义窗口由【名称】【对象】【基点】【预览】【方式】等组成。

【名称】:默认命名为块 1,可自定义修改块名称。

【对象】:单击【选择对象】,可在视图中选择构件,将其定义为块。

【基点】:单击【拾取点】,可在视图中单击任意位置,将其作为块的基点,或输入 $X$、$Y$、$Z$ 轴的坐标值。

【预览】:显示作为块定义的构件。

【方式】:可勾选【允许分解、编辑块】。

【块分解】:可以将已定义的块打散。运行时先单击【块分解】,单击选中需分解的块,单击鼠标右键确认,会弹出解组窗口(图 16-25)。可勾选【解除关联块实例】,单击【确定】则会分解已选块,单击【取消】则取消块分解操作。

【块编辑】:可以对已定义的块进行二次编辑。运行时先单击选中需编辑的块,再单击【块编辑】,或双击需编辑的块,则会进入块编辑环境。在块编辑环境中,保留【建模】【编辑】【素材库】【基本建模】的选项卡。进入块编辑环境后,软件会自动显示块编辑抬头工具栏(图 16-26)。

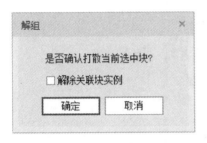

图 16-25　解组窗口

图 16-26　块编辑抬头工具栏

【补充构件】:可单击块编辑环境外的构件,并单击鼠标右键确认,补充到当前块定义中。

【排除构件】:可单击块内构件,并单击鼠标右键确认,将其排除。

【修改基点】:可单击视图中任意位置,将其作为块定义的新基点。

【接受修改】:可保存块编辑操作,同时退出编辑环境。

【取消修改】:不保存编辑操作,退出编辑环境。

【块管理】:可对已经定义的块进行管理。支持导入、链接管理、布置、复制、删除、重命名、编辑、高亮所有实例、导出等功能。

运行时单击【块管理】,弹出块管理器窗口(图 16-27)。

【块类型树】:块类型树由模型块、用户创建的块定义和类型(自动统计模型中实例数量)组成。运行时用鼠标右键单击块管理类型树,弹出块管理面板(图 16-28),可选择【布置】【添加】【重命名】【删除】【导入】【导出】。

同时,块管理器下方也有相应的图标,分别是【布置】【克隆】【重命名】【删除】【导入】【导出】,单击即可激活这些图标(图 16-29)。

【布置】:可将默认类型的块布置到视图的任意位置。

【克隆】:单击后会弹出块命名窗口,命名后单击【确认】,可复制选中的块定义。

【重命名】:可重命名选中的块定义。

【删除】:可删除选中的块定义。

【导入】:可将本地的 pxk 格式文件导入项目,将其作为新块。

【导出】:可将选中的块定义以 pxk 格式文件导出到本地。

【插入点】:默认勾选【在屏幕上指定】,支持用户自定义输入 X、Y、Z 坐标值。

图 16-27　块管理器窗口

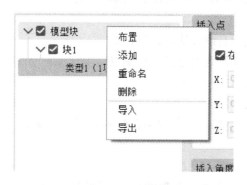

图 16-28　块管理面板

图 16-29　块管理器下方的图标

【插入角度】:勾选【在屏幕上指定】后,可以调整该点的块定义角度。

【相对高度】:支持设置距当前层底部的偏移值。

【链接管理】:单击后会弹出链接管理窗口(图 16-30)。可以管理导入项目的外部块文件(pxk 格式)。链接管理可提供【添加链接】【更新】【重链接】【断开链接】【删除】功能。

【过滤器/增强过滤器】:可按类别筛选指定范围内的构件。运行时先用鼠标选中需要进行过滤的多个构件,再单击【过滤器】,就会弹出过滤器窗口(图 16-31)。在窗口中选择想要选中的构件类型,单击【确定】,相应类型构件将被选中,同时关闭窗口,实现过滤操作。

【拾取属性】:可以拾取视图中某一构件的属性,与【刷新属性】配合使用。运行时先单击【拾取属性】,单击鼠标左键选择拾取属性的构件,软件会按照被拾取属性的构件执行该

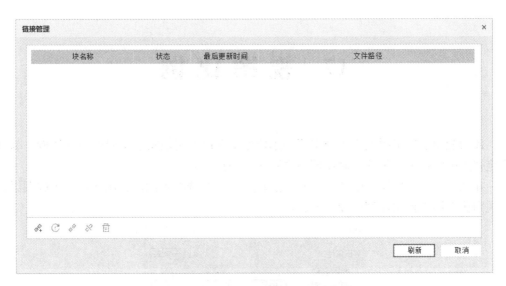

图 16-30 链接管理窗口

图 16-31 过滤器窗口

构件的绘制命令。

【刷新属性】：在视图中，将拾取的构件属性赋予另一构件，可以与【拾取属性】配合使用。运行时先单击【刷新属性】，单击鼠标左键选择构件，软件会将上一个拾取的属性赋予该构件（要求必须是同类构件）。

【撤销】：可以撤销前一操作，返回上一步。运行时单击【撤销】，即可返回前一操作。

【重做】：可以取消撤销的操作，重做上一步。运行时单击【重做】，即可重做。

# 17 视图比例

此功能用于在出图流程中设定每一个模型空间以及视图映射空间的视图比例。软件规定视图中的标注文字的绘制比例与视图比例一致。

在视图比例属性窗口中(图 17-1),通过下拉选项,选择不同的视图比例。生成图纸时的视图比例即为视图比例中设置的数值。

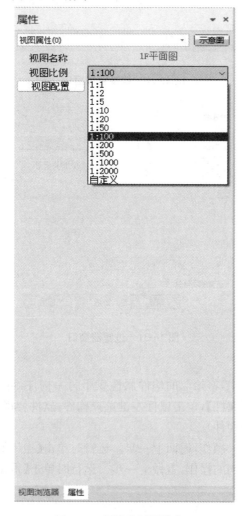

**图 17-1 视图比例属性窗口**

此功能将在模型空间中绘制完成的图纸进一步深化,形成整个图集所需的各个图纸。视图浏览器见图 17-2。

【模型空间】:可以在该空间中绘制初始模型。

【视图映射】:视图映射是模型空间的副本。视图映射中的模型构件与模型空间保持一致,方便用户在一图多模的基础上绘制防火分区等分析图。

【图纸集】:将模型空间和视图映射中绘制的图纸内容生成在不同图纸中,形成最终的图纸(图 17-3)。

图 17-2 视图浏览器

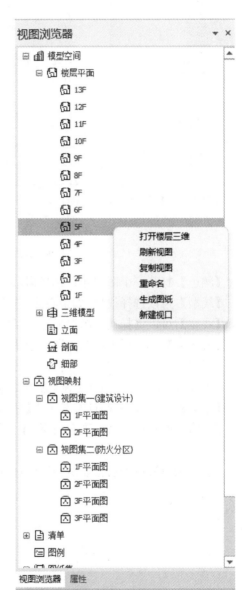

图 17-3 图纸集

【复制视图】:在【模型空间】与【视图映射】中,通过复制视图,增加视图映射的数量。

【生成图纸】:在【模型空间】与【视图映射】中,将模型空间和视图映射中绘制的内容生成图纸。

图层特性管理器用于对绘制图形所属的图层进行管理(图 17-4)。

图 17-4　图层特性管理器

【颜色】:打开一个图层颜色选择器,从此处选择所需的颜色,然后单击【确定】。

【线型】:可以选择线型,如中心线、连续线和其他工程图线等。

【线宽】:可以选择代表图层显示线条粗细的数字,数字越大,线型越宽。

【透明度】:单击后可以输入图层透明度。透明度的数值越大,背景就越清晰。

【新建】:新建某一图层时,会默认图层打开,未冻结,未锁定,颜色为白色,线型为 P_Continuous,线宽为 0.00 毫米,透明度为 0.0。

【删除】:选中某一现有图层,单击【删除】,可对图层进行删除。

【置为当前】:选中某一现有图层,单击【置为当前】,能把图层设置为当前需要使用的图层。

【显示细节】:单击后会显示图层的详细信息(图 17-5)。

图 17-5　图层的详细信息

【保存状态…】:对一组图层的设置样式进行保存,方便用户调用。

【恢复状态…】:对一组已经保存的图层的设置样式进行调用(图 17-6)。

【图层修改】:对图层进行打开、冻结、更换等各种操作(图 17-7)。

图 17-6　图层状态管理器

图 17-7　图层修改

【置为当前图层】:单击后再次单击某一图形,则该图形的图层将会置为当前。

【匹配图层】:单击后再次单击某一图形,则该图形所属的图层将会修改为当前图层。

【打开所有图层】:单击后所有被关闭的图层将会被打开。

【图层关闭】:单击后再单击某一图形,则属于该图层的所有图形将会被关闭。

【图层冻结】:单击后再单击某一图形,则属于该图层的所有图形将会被冻结。

【解冻所有图层】:单击后所有被冻结的图层将会被解冻。

# 18 绘 制 图 形

## 18.1 绘 制 图 形

通过绘制图形功能(图 18-1),对图纸空间中的线型图元进行编辑。

**图 18-1 绘制图形功能**

【直线】:连续两次单击鼠标左键,指定直线的起点和终点,可绘制直线。

【多段线】:连续多次单击鼠标左键,指定直线的起点、中间转折点和终点,可以绘制多段线。

【圆】:连续单击【圆心—半径】【圆心—直径】【两点直径画圆】【三点画圆】【与两线相切同时指定半径画圆】等绘制圆。

【圆弧】:连续单击圆心、端点、起点、长度、角度等,绘制圆弧。

【矩形】:连续单击矩形的对角线端点,绘制矩形。

## 18.2 智 能 画 线

智能画线可以使画线更加方便、简洁、快捷,智能画线功能如下。

【到点】:连续单击两个点,绘制直线。

【长度】:通过输入固定距离,在鼠标捕捉点外延伸该距离,绘制直线。

【闭合】:单击后将第一段线、第二段线的首尾进行连接。

【回退】:撤销上一步绘制的直线段。

【角度】:通过输入角度,在鼠标捕捉点外延伸该距离,绘制直线。

### 1. 图案填充

填充功能主要用于对工程图进行图案填充,具体操作如下。

【填充方式】:可以选择【拾取填充】与【自由填充】对图案进行填充。拾取填充可以自动识别闭合区域进行填充;自由填充可以通过绘制边界进行填充,同时可以选择是否保留填充边界(图 18-2)。

图 18-2 填充

【图案】:选择图案库中的图案,将其作为填充物(图 18-3)。

【颜色】:通过下拉框选择不同颜色的图案(图 18-4)。当选择 ByLayer 时,默认选择当前图层的颜色。

【角度】:调整填充实例的角度。

【比例】:下拉选择不同的绘制比例,也可以通过输入生成新的比例。

【透明度】:通过下拉框选择不同的透明度,软件默认的透明度为 0。

【填充预览】:对每一次完成填充设置后的样式进行显示。

**2. 注释**

该功能用于导出图纸后,对图纸空间中的二维图元进行标注。

【文字】:在工程图中进行文字添加(图 18-5)。该功能包含文字样式、单行文字等。

【文字样式】:选择要添加的文字属性,包括字体样式、高度、宽度因子等(图 18-6)。

【置为当前】:将所选的文字样式设置为当前文字样式。

【重命名】:对文字样式进行重命名编辑。

【新建】:新建文字样式,有默认的字体样式、高度、宽度因子等参数。调整这些参数后,单击【应用】完成新建。

【删除】:删除已有的文字样式。

【应用】:将已经修改的字体样式、高度、宽度因子等应用于当前文字。

【关闭】:关闭当前文字样式窗口。

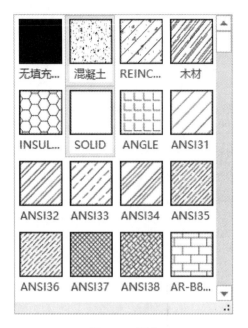

图 18-3　图案

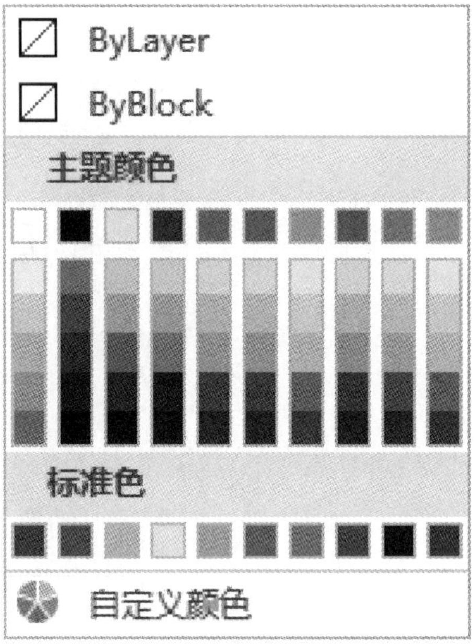

图 18-4　颜色

单行文字　智能标注

⊢┤线性 ▾

标注样式

A 文字样式

图 18-5　文字

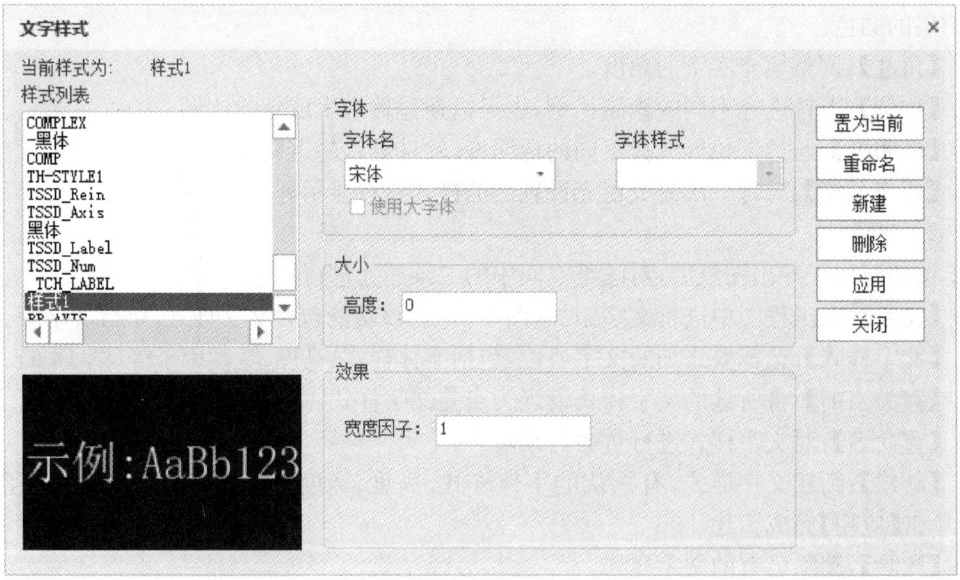

文字样式

当前样式为：　样式1

样式列表

COMPLEX
-黑体
COMP
TH-STYLE1
TSSD_Rein
TSSD_Axis
黑体
TSSD_Label
TSSD_Num
TCH_LABEL
样式1
PP_AXIS

字体

字体名

宋体

字体样式

☐ 使用大字体

大小

高度：0

效果

宽度因子：1

示例:AaBb123

置为当前

重命名

新建

删除

应用

关闭

图 18-6　文字样式

# 18.3  标  注

标注功能主要用于对二维工程中的图形进行标注,具有以下功能。

【线型标注】:连续两次单击绘制的起点以及终点,形成标注线,再次单击鼠标左键,对标注进行放置,形成线型标注。

【连续标注】:连续多次单击绘制的起点以及终点,形成标注线,再次单击鼠标左键,对标注进行放置,形成连续标注。

【对齐标注】:对任意方向进行两点标注,同时对水平方向和垂直方向具有一定的对齐作用。

【角度标注】:可以对两条线之间的角度进行测量及标注。测量弧形图形时,可以快速进行角度标注;测量两条直线之间的角度时,可以先单击两条直线间的交点,再分别单击两条直线,直接生成角度标注。

【弧长标注】:可以对弧线或者圆形的弧长进行测量及标注。单击弧线上的一点,移动鼠标至弧线上的另一点,再次单击即生成弧长标注。

【智能标注】:对选中的构件进行快速捕捉并标注。

【标注样式管理器】:此功能可以设置标注线、箭头、文字的形式、单位、精度、公差、比例等,可以创建适合于图纸并满足规范标准的标注(图 18-7)。

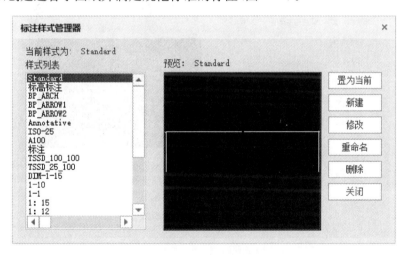

**图 18-7  标注样式管理器**

【标注线】:可以设置尺寸线、尺寸界线、箭头样式及大小(图 18-8)。

【文字】:可以对文字样式、文字颜色、文字高度以及文字位置等进行调整(图 18-9)。

【调整与主单位】:当标注距离较短,标注空间较小时,调整可以对文字和箭头进行自动避让。主单位可以对标注单位以及精度进行调整。标注特性比例可以对绘制比例进行调整。

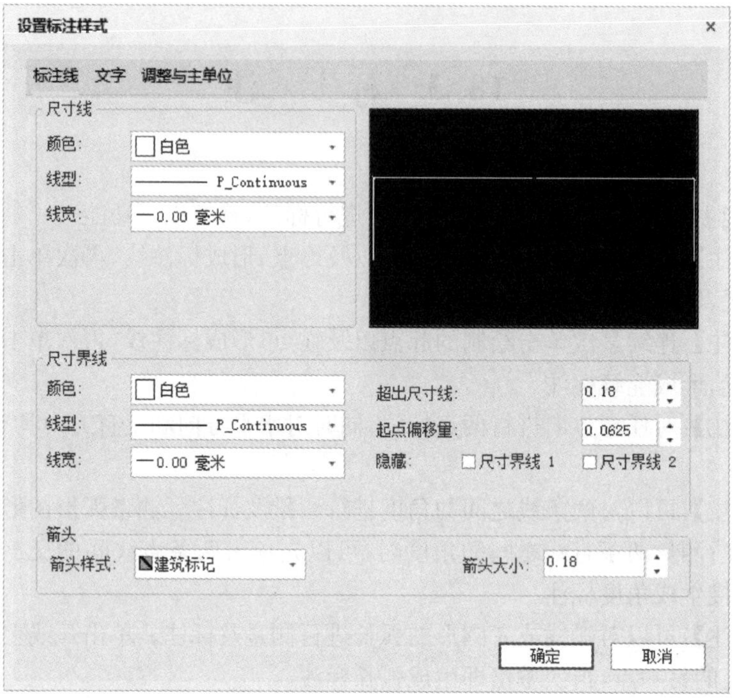

**图 18-8　标注线**

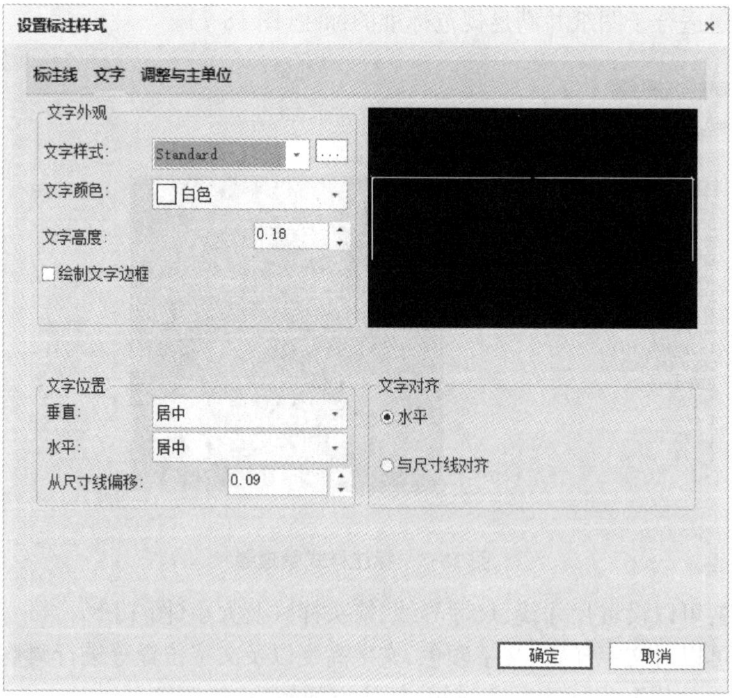

**图 18-9　文字**

# 19 素 材 库

## 19.1 素材库分类

素材库分系统内置常用素材库和系统外部素材库。

**1. 界面**

素材库面板如图 19-1 所示。

**图 19-1 素材库面板**

**2. 素材库中的构件放置和编辑**

单击【素材库】(图 19-2)后,再单击【素材库】进入素材库面板(图 19-3),选择需要的素材。

选择三维构件并在右边侧栏中选择需要的二维符号化表达。单击素材库左上角的【放置】,可以方便地将选中的构件放到模型中。

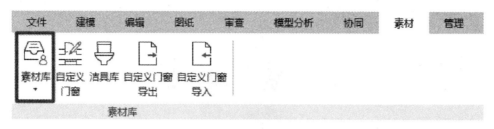

图 19-2　素材库

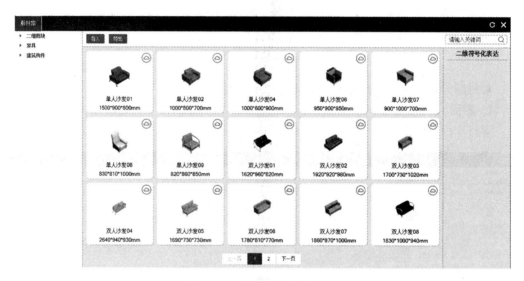

图 19-3　素材库面板(沙发)

## 19.2　构件的导入和导出

【导入】:单击后会弹出导入素材窗口(图 19-4)。导入素材窗口的详细说明见图 19-5。

单击三维构件显示图片旁边的【导入】(图 19-6),弹出导入窗口,可以同时导入 OBJ 或 3DS 文件及 BMP 文件,也可以单独导入一种格式的文件(图19-7)。

单击二维表达显示图片旁边的【导入】(图 19-8),弹出导入窗口,可以同时导入 DWG 和 BMP 文件,也可以单独导入一种格式的文件(图 19-9)。

如果要再次导入素材库中的构件,可以单击后面的【...】再次导入。如果之前两个文件都导入了一个构件,单击后面的【...】再次导入该构件可以覆盖之前的文件(图 19-10~图 19-12)。

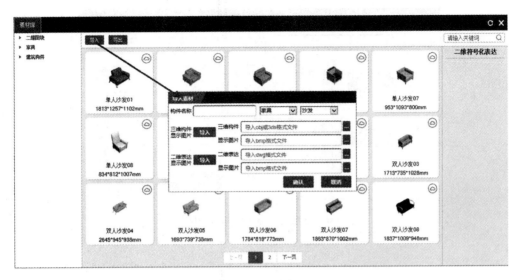

图 19-4　导入素材窗口

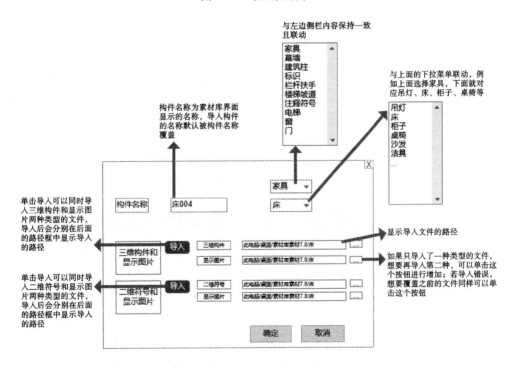

图 19-5　导入素材窗口的详细说明

导入完成后,可对导入构件进行命名,并选择其所属归类,方便调用。单击【确定】,导入的四个文件格式会自动保存到对应位置,会显示图片与构件名称,并在素材库界面中的对应位置显示。如需要将四个文件自动放到软件中的同一个文件夹内,可以导出这些素材库,方便今后不同项目之间的相互复制。

【导出】:选中导出素材,单击【导出】,弹出浏览文件夹窗口(图 19-13),通过浏览文件夹窗口可以将导入的素材导出。

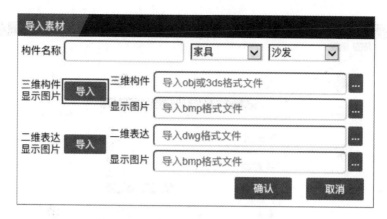

**图 19-6　三维构件显示图片旁边的导入**

**图 19-7　选择三维构件显示图片文件**

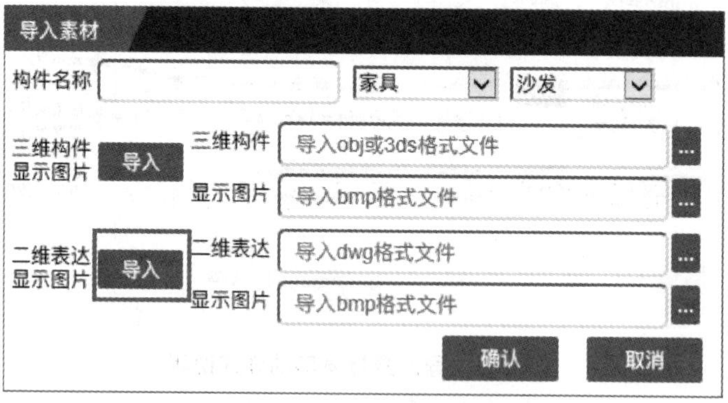

**图 19-8　二维表达显示图片旁边的导入**

　　在素材库面板,可以通过鼠标配合 Ctrl 键对素材进行加选,按住 Shift 键对素材进行减选,按住 Ctrl＋A 组合键对构件进行全选,然后单击【导出】,弹出导出成功的提示窗口(图 19-14),实现批量导出。导出之后素材尺寸及材质的属性信息不会丢失。

　　二维图块的导入和导出与本节一致。

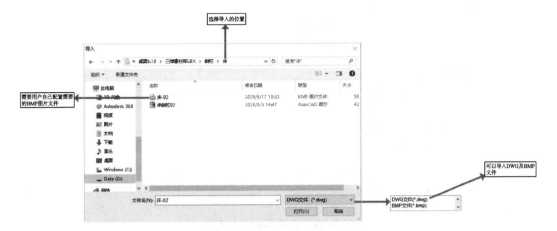

**图 19-9　选择二维表达显示图片文件**

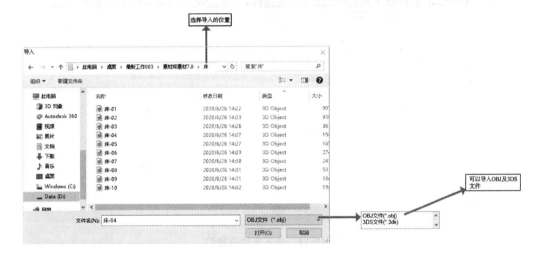

**图 19-10　选择三维构件**

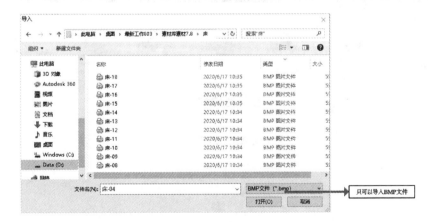

**图 19-11　选择显示图片**

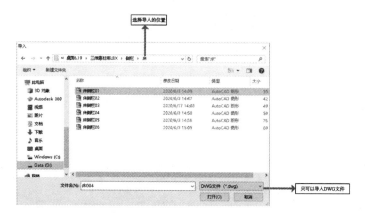

**图 19-12　选择 AutoCAD 图形**

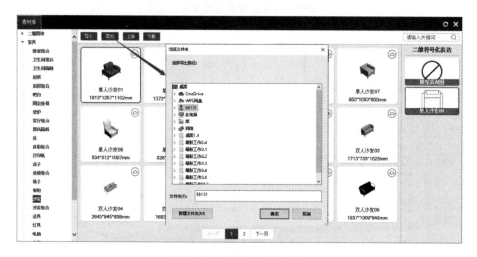

**图 19-13　浏览文件夹窗口**

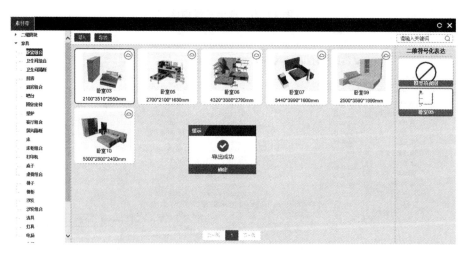

**图 19-14　导出成功的提示窗口**

## 19.3　三维图块编辑、删除

选中素材库面板中的三维图块，单击鼠标右键弹出面板，可以选择三维图块的【编辑】和【删除】，如图 19-15 所示。

**图 19-15　三维图块的编辑和删除**

单击【编辑】将出现三维图块编辑窗口（图 19-16）。该窗口会显示当前所选素材的位置、素材名、素材分类信息、构件重命名等，可以重新导入三维构件、显示图片，二维表达、显示图片，导入的四个文件格式的素材会覆盖之前导入的相同素材。单击后面的【...】将会使导入的四个文件格式的素材覆盖之前相同格式的文件。

**图 19-16　三维图块编辑窗口**

选择【删除】,会将选中的三维素材从软件中删除,侧栏二维符号化表达中的平面样式也会全部删除。

按住 Ctrl 键对素材进行加选,按住 Shift 键对构件进行减选,按住 Ctrl＋A 组合键对界面中的构件进行全选。同时选中多个构件的时候,二维符号化表达界面将变为空白(图19-17),素材此时不能布置到软件中。选择多个构件时,单击右键弹出菜单栏,可以进行批量删除操作,这时单击【编辑】无效,即无法编辑,如图 19-18 所示。

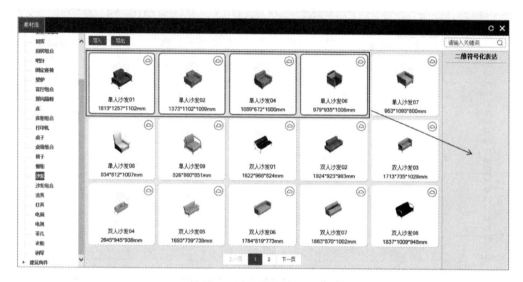

**图 19-17　选中多个构件时二维符号化表达界面变为空白**

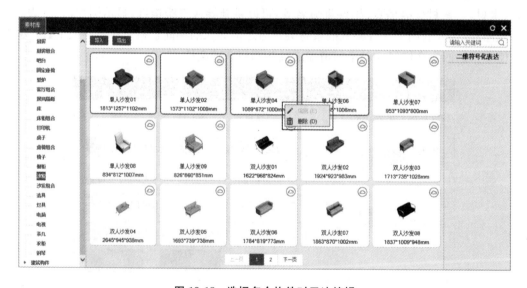

**图 19-18　选择多个构件时无法编辑**

# 19.4　二维图块编辑、删除

选中素材库面板中的二维图块,单击鼠标右键弹出菜单栏,可以选择二维图块的【编辑】和【删除】,如图 19-19 所示。

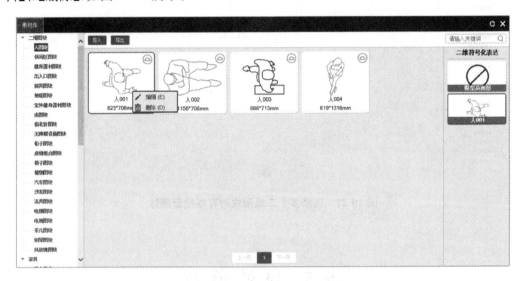

**图 19-19　二维图块的编辑和删除**

选择【编辑】弹出二维图块编辑窗口(图 19-20),通过该窗口可以对二维图块进行重命名、重新导入等操作。单击【导入】将覆盖之前的二维图块,单击【...】会将前面导入的两个二维图块覆盖。

**图 19-20　二维图块编辑窗口**

选择【删除】会将二维图块从软件中删除。按住 Ctrl 键对构件进行加选,按住 Shift 键对构件进行减选,按住 Ctrl＋A 组合键对界面中的构件进行全选,多选时不能将二维图块布置到模型中。选择多个二维图块时,单击鼠标右键弹出菜单栏,可以进行批量删除操作(图 19-21),但单击【编辑】无效。

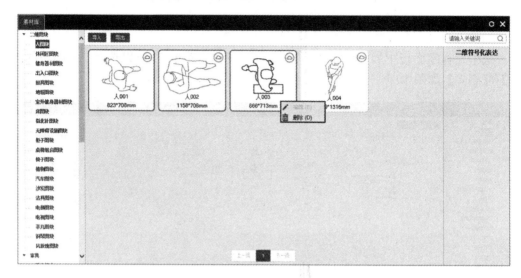

图 19-21　选择多个二维图块时可以批量删除

# 19.5　属性修改

**1. 三维构件属性修改**

通过三维构件属性面板可以修改三维构件的链接楼层、底部偏移、构件长度、构件宽度、构件高度等属性(图 19-22)。通过修改沿 $X$、$Y$、$Z$ 轴的缩放比例,可对三维构件进行放大和缩小。

**2. 二维构件属性修改**

通过二维构件属性面板可以修改二维构件的链接楼层、底部偏移、构件长度、构件宽度、构件高度等属性(图 19-23)。通过修改沿 $X$、$Y$ 轴的缩放比例对二维构件进行放大和缩小。

**3. 素材修复、精度设置**

【素材修复】:针对素材无法编辑和无法查看属性的问题(常见于旧工程),单击【素材修复】可进行修复。

【精度设置】:单击【精度设置】,弹出网格面优化工具窗口(图 19-24)。窗口支持设置已经布置素材的精度及下次布置素材的精度。

图 19-22 三维构件属性面板

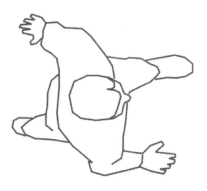

图 19-23 二维构件属性面板

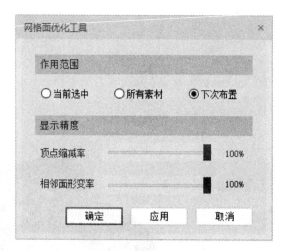

图 19-24　网格面优化工具窗口

# 20 自定义模块

## 20.1 自定义门窗

单击【自定义门窗】,弹出自定义门窗预设窗口(图 20-1)。用户可单击选择【门】或
【窗】,并命名。单击【确定】,即可进入自定义门窗编辑环境。

**图 20-1 自定义门窗预设窗口**

### 1. 自定义门窗编辑环境

进入自定义门窗编辑环境后,会自动启动分隔编辑与线条工具流程(图 20-2)。用户
需先进入分隔编辑,使用线条工具绘制自定义门窗的分隔线,绘制完成后单击【框板生
成】,会自动计算并使围合区域生成默认的门窗嵌板。用户可按自定义门窗需求单击相应
位置嵌板,在弹出的嵌板属性面板中调整相关参数并将所选嵌板切换为所需嵌板。

**图 20-2 自定义门窗编辑环境**

【线条】:在弹出的线条抬头显示栏(图 20-3)中,有【直线】【连续】【多边形】【矩形】【旋
转矩形】的绘制方法。

绘制方法：　／　⟍⟋　⬡　▭　▱　　多边形边数：⏴5⏵

图 20-3　线条抬头显示栏

### 2. 自定义门窗编辑功能

自定义门窗编辑环境提供【测量长度】【测量角度】【移动】【复制】【旋转】【镜像】【撤销】【重做】的编辑功能。此外,自定义门窗编辑环境还提供【清空环境】【框板生成】【分隔编辑】【保存门窗】【退出环境】等功能。

【清空环境】:将已绘制的分隔线或框板清空来恢复环境的初始状态。

【框板生成】:自动计算并使围合区域生成默认的门窗嵌板。

【分隔编辑】:用线条绘制分隔状态,可手动更改分隔样式。

【保存门窗】:单击当前门窗,可保存当前样式的自定义门窗。

【退出环境】:单击后可退出自定义门窗编辑环境,回到原模型视图。

### 3. 自定义门窗分隔编辑

用户可手动绘制自定义门窗分隔。本软件中环境内绘制尺寸与环境外尺寸默认相同,建议采用精确绘制。单击【分隔编辑】,自定义门窗自动切换为线条样式。用户可用线条工具配合编辑工具,按照实际需求尺寸绘制自定义门窗样式。绘制环境中支持追踪器和尺寸驱动(快捷键 D 键),方便用户精准定位分隔线,如图 20-4 所示。

### 4. 框板生成

依据已绘制好的分隔线,可以自动计算围合区域生成默认的门窗嵌板,嵌板支持替换。单击【框板生成】,软件会自动计算生成框板(图 20-5)。

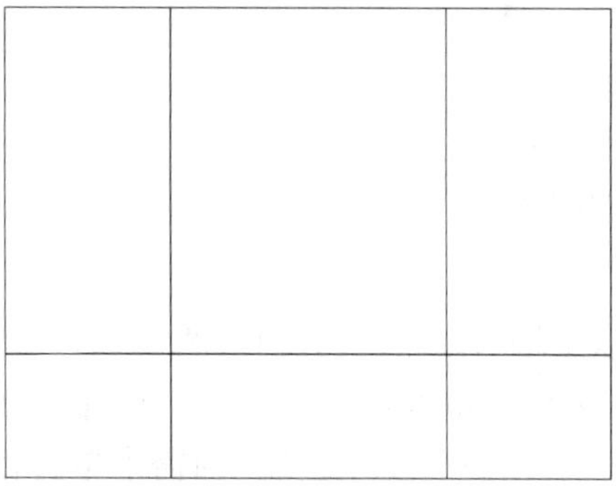

图 20-4　分隔绘制示意

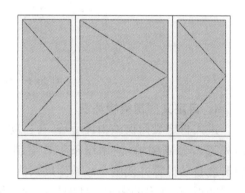

图 20-5　框板生成示意

### 5. 嵌板属性

【嵌板属性】:支持通过嵌板的属性面板进行参数修改和嵌板替换。单击任意嵌板,会弹出嵌板属性面板,见图 20-6。

【嵌板】:可参数化调整嵌板厚度与材质。

【内框】:可参数化调整自定义门窗内框的厚度、宽度和材质。

【嵌板开启方式】:单击【样式】,会弹出相应的门窗样式库面板。在弹出的门窗样式库面板中选择所需的嵌板样式替换当前默认嵌板,如图 20-7 所示。软件支持鼠标配合 Ctrl

键批量替换嵌板。

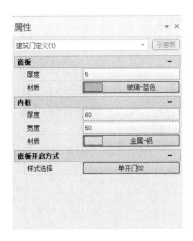

图 20-6 嵌板属性面板

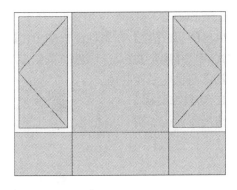

图 20-7 嵌板替换示意

## 6. 自定义门窗使用

自定义门窗会依据门窗类型自动添加到门构件或窗构件的面板中。用户可通过建模选项卡中的【门】或【窗】,在门窗样式库面板的自定义门或自定义窗中查看并使用用户创建的自定义门窗,如图 20-8 所示。

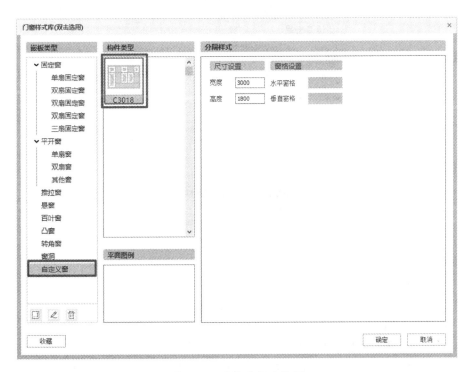

图 20-8 自定义门窗使用

# 20.2 洁 具 库

单击【门】或【窗】,在属性面板中单击【门窗样式选择】,在弹出的面板中选择自定义门窗样式,单击【确定】或双击图例布置到模型中。通过洁具库可调用系统内置常用洁具库。该洁具库与机电专业共用。

**1. 洁具库面板**

洁具库面板如图 20-9 所示。

**图 20-9　洁具库面板**

**2. 洁具的布置**

单击【洁具库】可以进行洁具的布置,如图 20-10 所示。

通过洁具库面板可以修改洁具的类型名称、设备名称、基本信息、插入点标高和角度、布置方式,如图 20-11 所示。

洁具的布置可选择任意布置、直线布置、弧线布置、矩形布置等方式,如图 20-12 所示。

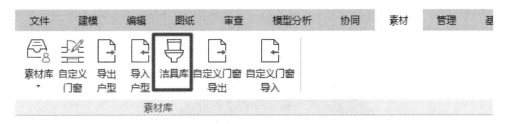

图 20-10 洁具库

图 20-11 洁具库面板功能

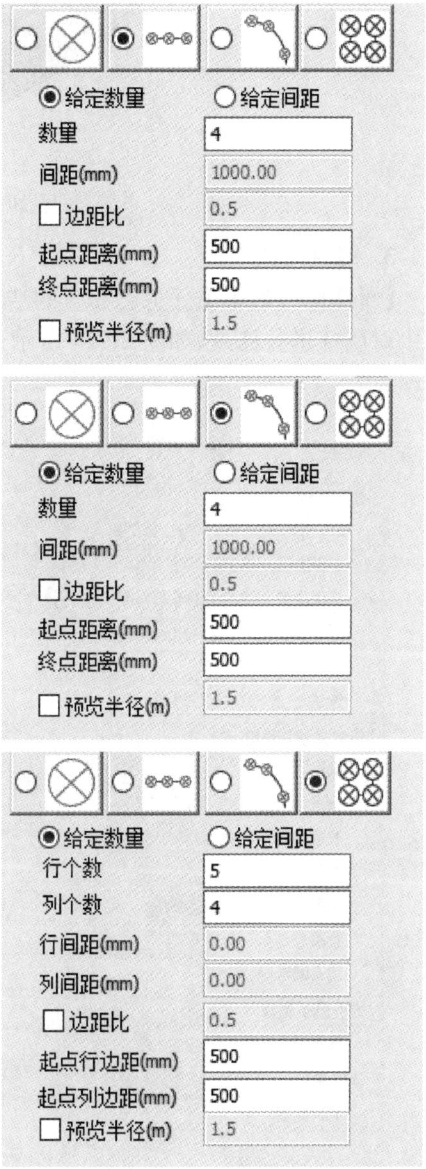

图 20-12 洁具的布置方式

单击视图确定布置位置,再次单击鼠标左键确定角度,完成洁具布置。布置后模型如图 20-13 所示。

图 20-13　洁具模型示意

### 3. 属性修改

【属性修改】:单击任意已布置的洁具模型,会弹出该洁具属性面板。用户可在属性面板中对属性进行修改,如图 20-14 所示。

图 20-14　洁具属性面板

# 20.3　导出户型、导入户型

【导出户型】：将设计好的户型导出为 phouse 格式，可用于模块化的住宅设计，缩短住宅设计的时间。户型拼接的共面墙可以通过重叠构件查找并统一删除。选中构件，再单击【导出户型】，可将构件组导出为 phouse 格式的户型文件。

【导入户型】：将一个 phouse 格式文件导入项目。单击【导入户型】，可将本地的 phouse 格式文件导入项目。

**1. 自定义门窗导出、自定义门窗导入**

【自定义门窗导出】：导出已保存的自定义门窗（门窗列表中有已创建的自定义门窗）。操作时先单击【自定义门窗导出】，会弹出系统文件窗口。选择相应的位置，单击【确定】，即可将自定义门窗导出到本地。

【自定义门窗导入】：导入已保存的自定义门窗。操作时先单击【自定义门窗导入】，会弹出系统文件窗口。选择相应的文件，单击【确定】，即可将本地的自定义门窗导入工程。

**2. 模型审查**

审查包括【楼层信息】【全局属性】【模型自检】【数据导出】【智能审查】【结果查看】【构件查找】【基点设置】等功能，见图 20-15。

**图 20-15　审查**

BIMBase 审查流程如图 20-16 所示。

【全局属性】：单击后填写需要审查的项目，如图 20-17 所示。

【模型自检】：主要检查模型的规范要求和要报审的相关属性是否齐全，建模的精度是否达到要求，模型之间是否协调，区域比例是否合适等，如图 20-18 所示。

**3. 智能审查**

单击【智能审查】，先跳转到全局属性面板，再单击【确定】跳转到规范选择面板，如图 20-19 所示。

单击【智能审查】后，等待软件自动进行审查，并自动跳转生成审查结果，如图 20-20 所示。

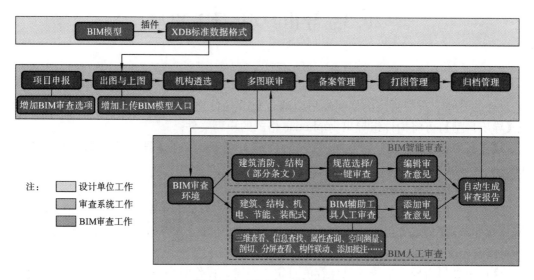

图 20-16　BIMBase 审查流程

图 20-17　全局属性面板

单击【已通过】会显示已通过审查的规范，如图 20-21 所示。

【属性缺失】：会显示在全局属性面板中未填写或填写错误的属性，如图 20-22 所示。

双击【未通过】中的规范后，如果是构件的问题，会在构件列表中显示有问题的构件。单击构件列表中显示有问题的构件，软件会自动定位，方便对有问题的构件进行修改，如图 20-23 所示。

图 20-18　模型自检面板

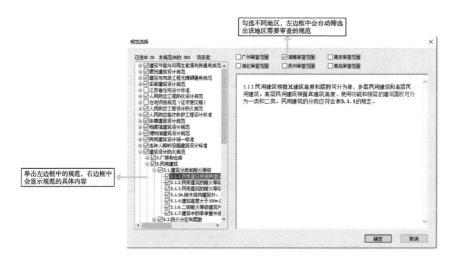

图 20-19　规范选择面板

**4. 导出数据、导出报告**

【导出数据】：本软件能够导出用于上传至云审查平台的 XDB、QDB 等格式的数据文件（图 20-24、图 20-25）。

【导出报告】：能够导出符合各地项目要求的质检报告，如图 20-26 所示。建设工程 BIM 模型质量检查报告单如图 20-27 所示。

图 20-20　审查结果

图 20-21　已通过审查的规范

图 20-22　属性缺失

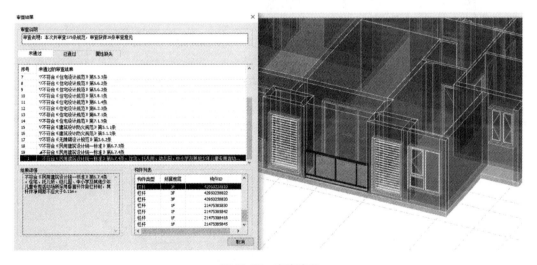

图 20-23　审查定位

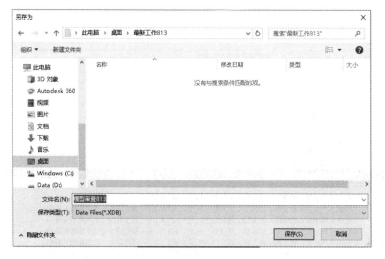

图 20-24　导出数据

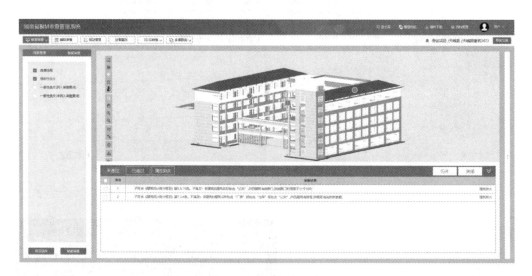

图 20-25　云审查平台

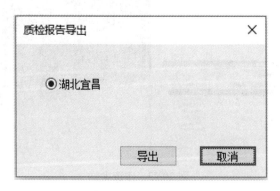

图 20-26　导出质检报告

# 建设工程BIM模型质量检查报告单

专业：建筑 　　　　　　　　　时间：2022年8月2日

| 检查类型 | 检查结果 |
| --- | --- |
| 构件统计 | 683 |
| 属性检查 | 部分缺失 |
| 命名检查 | 部分缺失 |
| 构件检查 | 完成 |
| 坐标校验 | 不通过 |

质检结论：部分完整

**图 20-27　建设工程 BIM 模型质量检查报告单**

# 21 图 纸

## 21.1 图纸统计清单

【图纸统计清单】:此功能用于统计每个图纸集中图纸的数量,查看各图纸集的图纸信息,如图 21-1 所示。

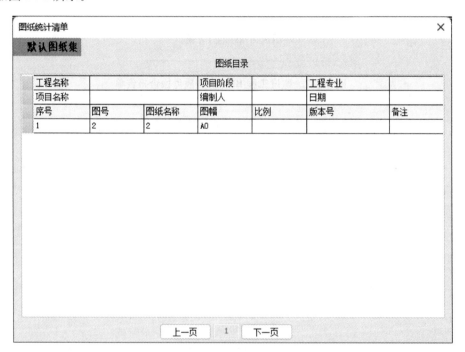

| 默认图纸集 | | | | | | |
|---|---|---|---|---|---|---|
| 图纸目录 | | | | | | |
| 工程名称 | | 项目阶段 | | 工程专业 | | |
| 项目名称 | | 编制人 | | 日期 | | |
| 序号 | 图号 | 图纸名称 | 图幅 | 比例 | 版本号 | 备注 |
| 1 | 2 | 2 | A0 | | | |

上一页　1　下一页

图 21-1　图纸统计清单

单击【图纸集】,切换图纸集,导出图纸统计清单,将已经绘制好的工程图以 DWG 文件或者 PDF 文件导出。

先在图纸前勾选需要导出的图纸,同时选择 DWG 文件或者 PDF 文件,再单击【导出】,可以输出 DWG 文件或者 PDF 格式的图纸。

【生成图纸】:将模型空间或者映射空间中已经绘制好的模型内容插入到图框中,形成完整的图纸信息。图纸信息可以调整图框尺寸、图框方向等信息,最后生成图纸。生成图纸面板见图 21-2。

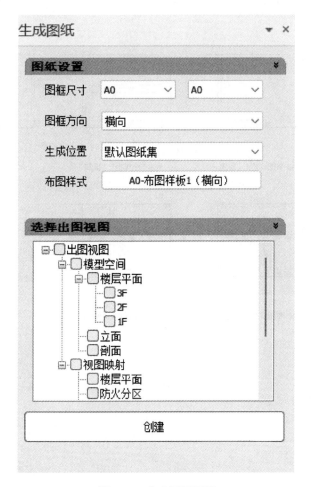

图 21-2　生成图纸面板

本软件生成的布图样板见图 21-3。

布图样板属性如下。

【图框尺寸】:选择生成的图纸尺寸,如 A0、A1、A2、A3 等。

【图框方向】:选择生成的图纸方向为横向或者竖向。

【生成位置】:选择生成的图纸归属,选择不同的图纸集。

【布图样式】:根据图纸内容,选择不同的布图样式。

【选择出图视图】:选择模型空间或者视图映射中的一个或多个视图生成图纸。

图签功能包含图签导入与图签管理两个功能。

【图签导入】:用于导入 DWG 格式图签信息,以及在导入的图签中对图签的内容进行修改。

【图签管理】:在浏览的图签中显示项目信息,如图 21-4 所示。

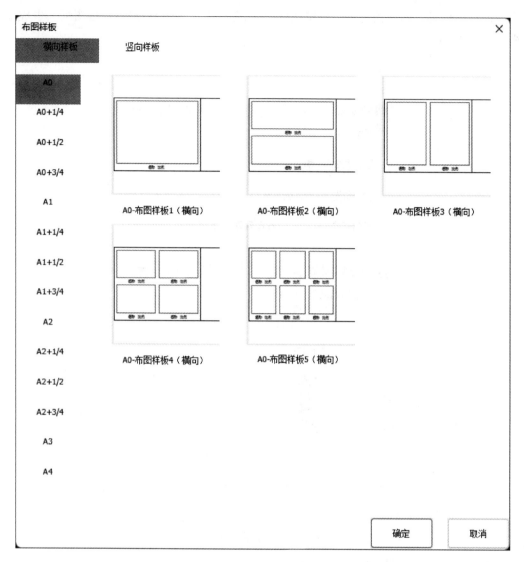

图 21-3　布图样板

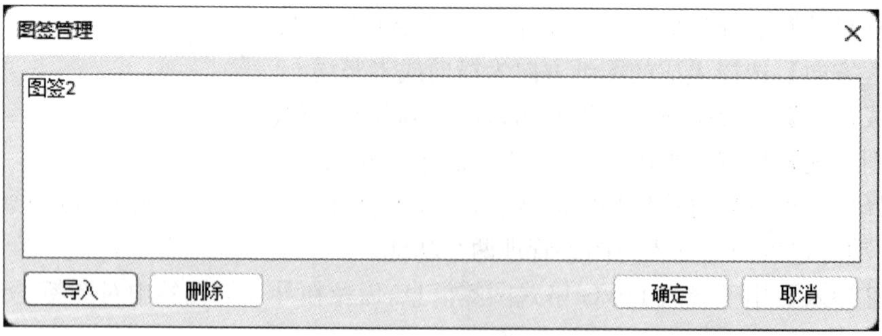

图 21-4　图签管理

# 21.2　线型二维工具

线型二维工具的主要功能如下。

【直线】:绘制直线图形或者多段线。连续两次单击鼠标左键,指定直线的起点和终点,即可绘制直线。

【样条曲线】:沿切线方向连续绘制曲线。

【椭圆】:绘制椭圆图形。

【圆/弧】:绘制圆形或者弧形,可以连续单击【圆心—半径】【圆心—直径】【两点直径画圆】【三点画圆】【与两线相切同时指定半径画圆】。

【填充】:在模型空间或视图映射中对封闭的图形进行图案填充。

【填充类型】:单击填充图案,选择不同的填充样式,如图 21-5 所示。

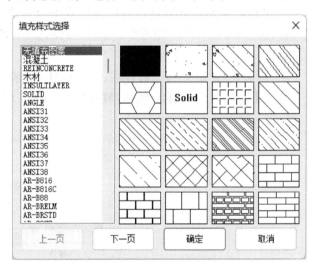

**图 21-5　填充样式选择**

【比例】:输入不同的比例,以适应不同的出图比例需求,如图 21-6 所示。

测量工具用于测量两点之间长度以及两条线之间的角度。

【测量长度】:连续单击起始点和终止点,可以测量线段长度。

【测量角度】:连续单击中心点、起始点和终止点,可以测量两条线之间的角度。

**图 21-6　比例**

# 21.3　图　纸　标　注

【水平标注】:绘制水平方向的两点标注以及水平方向的连续标注。先沿水平方向,连续单击需要标注的位置。选择需要标注的位置后,移动鼠标并单击鼠标右键,对标注进行放置。

【垂直标注】:绘制垂直方向的两点标注以及垂直方向的连续标注。先沿垂直方向,连续单击需要标注的位置。选择需要标注的位置后,移动鼠标并单击鼠标右键,对标注进行放置。

【自由标注】:绘制任意方向的两点标注以及任意方向的连续标注。先沿任意方向,连续单击需要标注的位置。选择需要标注的位置后,移动鼠标并单击鼠标右键,对标注进行放置。

【直径标注】【半径标注】:对弧形或圆形进行直径标注或半径标注。先单击【直径标注】或者【半径标注】,选取需要标注的部分,即可生成标注。移动鼠标,再次单击鼠标左键即可放置标注,见图 21-7。

【标高标注】:对平面、剖面、立面的标高进行标注。平面的标高标注可以自动识别构件的高度,放置标注。单击【标高标注】,移动鼠标,放置标高标注。标高标注窗口见图 21-8。

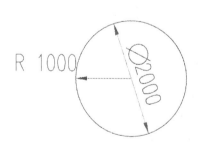

图 21-7　直径标注和半径标注

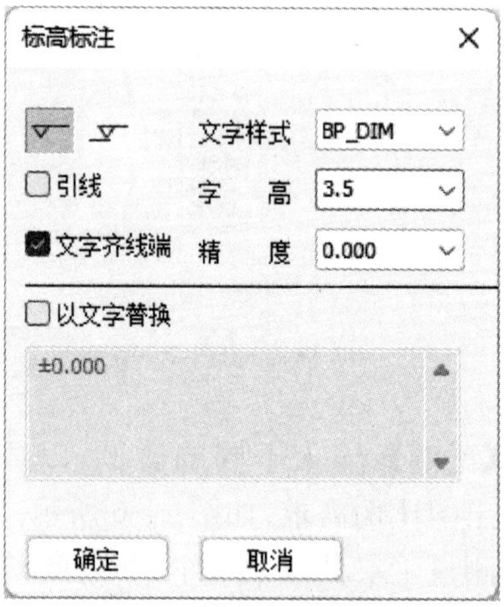

图 21-8　标高标注窗口

【文字样式】:选择不同的文字样式。

【字高】:选择不同的字高。

【精度】:选择小数点后两位数 0.00 或者小数点后三位数 0.000。

【以文字替换】:使用自定义内容替换。

【引出标注】:添加引出标注及其相关内容。

单击【引出标注】,出现引出标注窗口(图 21-9)。

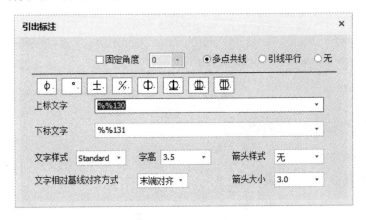

图 21-9　引出标注

【固定角度】:引出线均向同一方向延伸。

【多点共线】:同时对多个点标注同一内容。

【引线平行】:同时对多个点标注同一内容,且引线相互平行,见图 21-10。

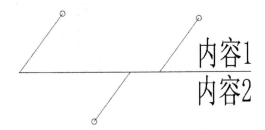

图 21-10　引线平行

【上标文字】:引线标注的上部内容。

【下标文字】:引线标注的下部内容。

【一键标注】:对图纸总尺寸、轴线间尺寸、门窗洞口尺寸等进行标注(图 21-11)。

【尺寸定位】:设置尺寸标注位置,可以自动读取门窗洞口轴线、构件位置,对图纸中的内容进行标注。

【标注修改】:对已经完成的标注进行修改,见图 21-12。

标注修改具有以下功能。

【标注合并】:将两个或多个标注融合在一起,形成连续标注的形式。

【对齐标注】:选择多个标注,使得多个标注同时处于同一基线。

【文字复位】:对标注中移动的文字进行归位。

【删除点】:通过单击标注端点,对连续标注中的某些标注进行删除。

【尺寸打断】:将连续标注形成的内容分成多个部分。

【添加点】:新增标注端点,形成新的标注。

【取消标注】:对已经完成的连续标注中的一部分进行删除。

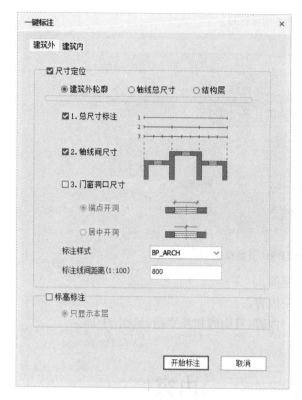

图 21-11　一键标注

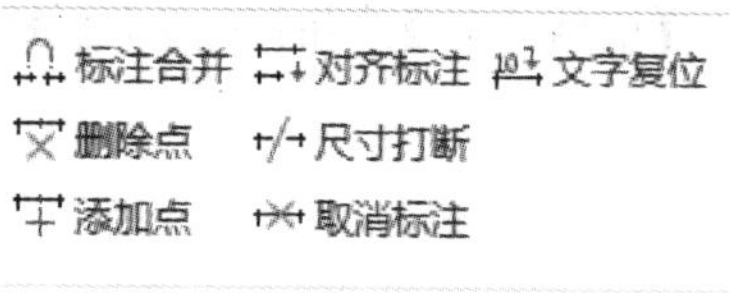

图 21-12　标注修改

# 21.4　文　字

【通用文字】：对单行文字或者多行文字进行添加以及调整。

【单行文字】：输入单行文字。单击【单行文字】，选择【文字对齐】或【指定文字起点】以及【对齐方式】，指定单行文字的生成位置。完成后，输入字高值并单击鼠标左键，输入转角值并单击鼠标左键，在弹出的窗口中输入文字，单击【确定】，完成文字放置。

【多行文字】：对多行文字进行输入或编辑。单击【多行文字】，连续两次单击鼠标左键，绘制多行文字生成范围。在弹出的多行文字编辑器窗口中，对文字进行调整，完成后单击【确定】，完成对多行文字的放置（图 21-13）。

【文字样式】：选择不同的文字样式。

【字高】：设置不同的文字高度。

【页宽】：显示为多行文字的整体文本宽度，可以在此处进行整体调整。

【转角】：对文本整体进行旋转。

【行距】：对文本行与行之间的距离进行调整。

【特殊符号】：在文本中输入不同的符号，单击【符号(Y)】，在字符映射表中选择不同的符号。字符映射表见图 21-14。

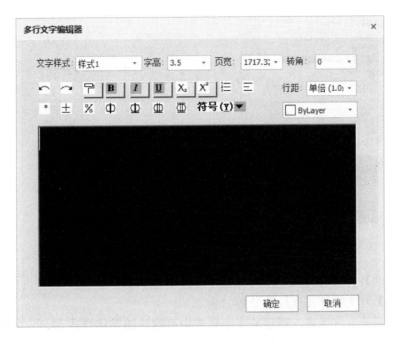

图 21-13　多行文字编辑器窗口

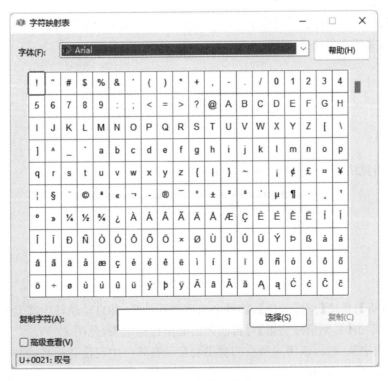

图 21-14　字符映射表

【文字样式】:对每一种文字样式的字体样式、大小、宽度因子进行设置(图 21-15)。

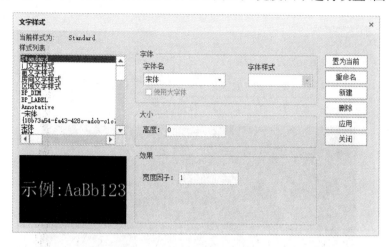

**图 21-15  文字样式**

【置为当前】:将所选的文字样式设置为当前文字样式。

【重命名】:对文字样式进行重命名。

【新建】:新建文字样式。新建的文字样式中有默认的字体样式、大小、宽度因子等属性。调整这些参数后单击【应用】完成新样式设置。

【删除】:删除已有的文字样式。

【应用】:将已经修改的字体样式、大小、宽度因子应用于此文字样式。

【关闭】:关闭文字样式。

# 21.5  模 型 分 析

模型分析见图 21-16,包括指标分析和套型指标结果。

**图 21-16  模型分析**

【指标分析】:单击【指标分析】,软件会自动进行计算,并自动跳转生成套型指标结果。关闭窗口后,单击【套型指标结果】可再次弹出套型指标结果,见图 21-17。

双击列表中某一行,该房间所在的套型会自动在软件中定位并高亮,同时该房间会以不同颜色高亮,见图 21-18。

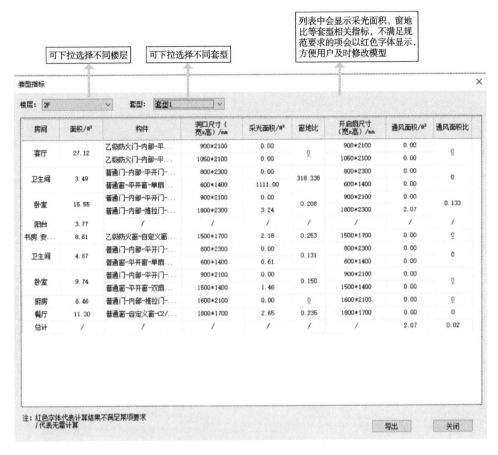

图 21-17　套型指标

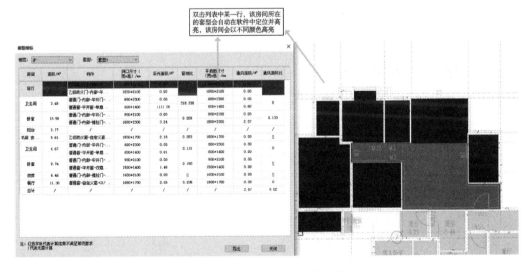

图 21-18　套型显示及房间定位